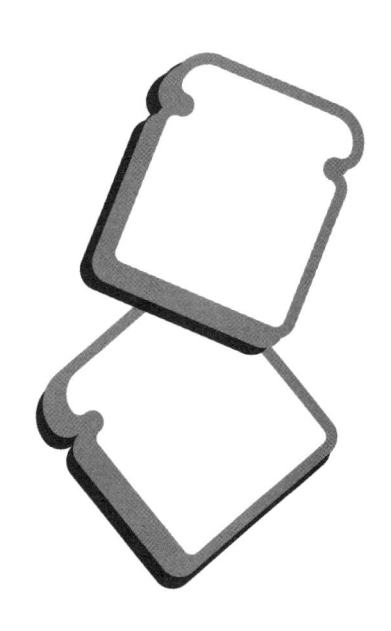

三明治定律

陈国荣 龚佳泠 —— 编著

中国纺织出版社有限公司

内容提要

在人际沟通中，赞扬会让我们开心，责备会让我们感到受羞辱，让我们失去快乐，但很多时候，我们不得不批评他人，因为谁都会犯错，学习三明治定律，能让我们了解人性，在肯定和赞美中让他人认识到自己行为的不足，进而愉快地改正。

本书从批评心理学的角度入手，带领我们认识什么是三明治定律，并告诉我们，三明治定律不但能运用到批评他人的活动中，更可以应用到我们工作和生活的方方面面，比如亲子教育、同事相处、夫妻沟通等方面，让我们明白要想让他人接受我们的想法和意见，就要把握人性，多给他人肯定、鼓励和赞美，让他人潜移默化地接纳和认同我们。

图书在版编目（CIP）数据

三明治定律 / 陈国荣，龚佳渟编著. --北京：中国纺织出版社有限公司，2024.7
ISBN 978-7-5229-1635-4

Ⅰ. ①三… Ⅱ. ①陈… ②龚… Ⅲ. ①心理学—通俗读物 Ⅳ. ①B84-49

中国国家版本馆CIP数据核字（2024）第070406号

责任编辑：林 启　　责任校对：王惠莹　　责任印制：储志伟

中国纺织出版社有限公司出版发行
地址：北京市朝阳区百子湾东里A407号楼　邮政编码：100124
销售电话：010—67004322　传真：010—87155801
http://www.c-textilep.com
中国纺织出版社天猫旗舰店
官方微博 http://weibo.com/2119887771
天津千鹤文化传播有限公司印刷　各地新华书店经销
2024年7月第1版第1次印刷
开本：880×1230　1/32　印张：7.25
字数：118千字　定价：49.80元

凡购本书，如有缺页、倒页、脱页，由本社图书营销中心调换

前　言

生活中，人们常说："良言一句三冬暖，恶语伤人六月寒。"日常生活中，如果我们能自如地夸赞一个人，就能受到他人的喜欢和亲近，反过来，如果在与人交流的过程中说出一些伤人的话，就极有可能导致两人的关系逐渐恶化，甚至引发许多矛盾，导致最后老死不相往来。

因此我们在人际交往过程当中一定要注意自己的言行，特别是一些批评的话，尽量要考虑再三再说出口，这样会更加容易让对方接受。要想让对方对你的批评心服口服，就需要了解一下批评心理学当中的"三明治定律"。

那么，什么是三明治定律呢？

三明治定律指的是，在人际交往中，当人们试图对他人提出建议或批评时，如果把建议或批评内容夹在鼓励和信任中间，被批评者就不会感到难堪，还会积极接受建议，改正自己的不足。

的确，生活中，我们常常遇到需要对他人提意见或者批评的情况，此时，为什么有的人提出的意见马上就被采纳了，有些人提出的意见他人没有接受，还会生气呢？这就是因为有些人没有了解过"三明治定律"，通过三明治定律，能让我们将话说得更有艺术，让人理解你所表达的中心含义。

批评的话不是像小孩子过家家那般，很多时候如果自己的批评是无心说出口的，也有可能会被对方误解成另外一个意思，极有可能导致两个人的关系慢慢地走向僵化。

比如，某位女士精心打扮后，拍了一张美照发给自己的男朋友，对方看到之后虽然也觉得照片非常漂亮，但是他说的话却让这位女士非常难以接受，他回复的内容是："修得有点严重了，差点认不出你了。"

试想一下，如果你是这位女士的话，听到这样的评价，你还会高兴吗？这说明生活当中不管是为人处事，还是同自己的亲人、朋友沟通聊天，都是需要讲究技巧的。

如果你只是从自己的角度来看待事情，不假思索地提出自己的看法，不仅会让你和对方的关系渐渐生疏起来，也会使对方对你产生不满，久而久之两个人就不会再有联系了。

事实上，不只是批评，面对日常生活中的很多情况时，比如企业管理、同事相处、亲子教育、夫妻之道，我们都要学会运用三明治定律，千万不要随口就提自己的看法，这样不仅伤害了他人，也伤害了自己。我们应该多肯定、鼓励和赞美他人，在让他人产生愉悦的心情后，你的看法才更易被人接受。

那么，我们该如何将三明治定律运用到日常生活的方方面面呢？这就是我们在本书中要阐述的全部内容。

　　本书从批评心理学的角度入手，告诉我们什么是三明治定律，让我们认识到喜欢被肯定和赞美是人性所需，让我们知道如何把握这一点与人沟通和相处，如何更轻松地让他人接受我们的意见和看法，相信你在阅读完本书后会有所收获。

编著者
2023年12月

目 录

第一章 了解三明治定律：学习让批评悦耳动听的方法　001

什么是三明治定律　003
委婉指正，批评不可伤害他人自尊　007
将忠言顺耳说，令他人不怨恨还感激　011
软硬兼施法批评，表达出你的关怀　014
用赞赏代替批评，暗示对方的错误情有可原　018
用鼓励代替指责，让对方有改正的信心　022
与其正面批评不如委婉暗示，让对方认识到不足　026

第二章 三明治定律与企业管理：管理者批评下属要含蓄委婉　029

委婉含蓄，指出下属的错误不要尖酸刻薄　031
运用三明治法先肯定再批评，下属更易接受　034
批评有理有据，下属才会信服　038
激励代替批评，让下属全力以赴　043

运用幽默批评，能给他人一个台阶 047
正己才能正人，批评下属先做好自我批评 051

第三章 三明治定律与说服之道：说话贴合他人心理更易劝服成功 057

别急着反驳，先肯定对方 059
从对方感兴趣的话题切入，更易劝服成功 063
观点不一时，不必针锋相对与之争辩 068
设身处地劝说，更易打动人心 073
巧言描述，让对方看到接受说服后带来的益处 077
巧妙过渡，别在一开始就表明目的 081

第四章 三明治定律与拒绝他人：怎样沟通能够不伤人心 085

委婉暗示，让对方知难而退 087
拒绝他人，有情有义的理由让他人不忍怪罪于你 090
转移话题，是一种迂回拒绝的战术 094
"抬高"他人，让拒绝更易被人接受 098
妙用目光转移法，让对方知趣 102
拒绝小人，可用时间拖延法 105

第五章　三明治定律与销售策略：散发你的真情，打开客户柔软的心　109

巧用赞美之词，为销售铺路　111
经营好第一印象，获得客户的心　116
谈谈自己的经历，拉近彼此距离　121
投石问路，先谈一些客户感兴趣的话题　126
真诚是第一撒手锏，能真正打动客户的心　130

第六章　三明治定律与职场人际：为他人提供好情绪，能让你在职场左右逢源　135

同事间赞美的艺术　137
对待同事，要一视同仁　141
巧妙疏导，消除职场人际矛盾　145
不在失意的同事面前谈论你的得意之事　148
放低姿态，多用请教的语气与上司沟通　152
"曲线救国"，将对上司的建议包裹在赞美中　156
赞美领导要讲艺术　160

第七章 三明治定律与亲子教育：孩子的优秀来源于父母的鼓励 　　165

别当着外人的面批评孩子　　167
赞扬你的孩子，听话的孩子是夸出来的　　171
用引导代替教训，孩子才愿意和你沟通　　175
批评要适度，孩子才会接受　　179
一味地打压和批评，是孩子自卑的根源之一　　183
体罚，真的能让孩子改正错误吗　　188
孩子会听你真诚的建议，而不是命令　　192

第八章 三明治定律与婚姻爱恋：好的感情，需要鼓励与赞美　　197

表达欣赏与赞美，好男人是捧出来的　　199
多用肯定和鼓励，能让你获得男人心　　203
男人都爱面子，表达你的崇拜之情　　207
读懂和了解你的妻子并赞美和欣赏她　　211
感谢和称赞你的妻子，让她知道自己是被爱的　　215
直接表达你的爱意，女人会很受用　　219

参考文献　　222

第一章

了解三明治定律：学习让批评悦耳动听的方法

我们都知道，人无完人。生活中的人总会犯这样那样的错误。这就涉及批评的艺术，真正有口才的人绝不会不顾对方感受，对对方劈头盖脸一顿臭骂，而是会掌握批评的艺术，让对方心甘情愿地接受。有一种批评的方法叫"三明治定律"，把批评指正放在赞美的中间，批评就会变得容易被对方消化。那么，什么是三明治定律呢？我们又该怎样将批评说得悦耳动听呢？带着这些问题，我们来看看下面这一章的内容。

什么是三明治定律

当我们在吃三明治的时候，会发现三明治有好几层，如果你自己会做三明治，想吃什么，可以自由组合，一层夹着一层。而在心理学中，有个有趣的心理学现象，就被称为"三明治定律"。

所谓"三明治定律"，指的是人们在批评一个人的时候，将批评夹在赞美之间，会让对方更愉快地接受。这个心理学效应，不仅适用于人际交往，也适用于上司与下级、同事与同事之间的相处；当然，这个心理学效应，也适合恋爱与婚姻。

美国著名的女企业家玛丽·凯·阿什就采取了"先表扬，后批评，再表扬"的三明治批评法，使用这一批评方法，使得她在管理下属上得到了理想的效果。在接受媒体采访时，她是这样说的："批评应对事不对人。在批评前，先设法表扬一番；在批评后，再设法表扬一番。总之，应力争用一种友好的气氛开始和结束谈话。如果你能用这种方式处理问题，那你就不会把对方臭骂一顿，就不会把对方激怒。"

因此，生活中的我们也应该学习玛丽·凯·阿什的这种批评方法，努力发现对方的一些闪光点，因为你给对方一些阳光，他会还你一片灿烂。

赵女士是某外企的公关部经理，公关部是公司的门面，自然对部门职员的着装有一定的要求。

然而，部门最近来了一位新员工小刘，年轻有活力，平时很喜欢休闲风和街头风，对生活比较随意。这不，第一天来上班，就穿着一身街头服饰。对此，赵女士不能不管，但她并没有直接批评小刘，而是这样委婉地说："嘿，小刘，今天的发型很漂亮啊（第一步，赞美），如果配上咱们公司的职业装（第二步，其实是批评），你会更精神、更漂亮！（第三步，赞美）"

这种批评方式就是三明治批评法。之所以称为三明治批评法，是因为它就像三明治，在面包的中间夹着其他东西。使用这种批评方法，被批评的一方会觉得自己受到了激励，也就能心平气和地接受批评了。

的确，批评本身就不是一件愉快的事情，所以我们应该注意自己在批评时的态度，即便有些个人成见，也要始终保持友善的气氛。那么，具体来说，我们该如何使用三明治批评法呢？

1.在提出批评之前,先给予对方充分肯定

先表达肯定,有助于减轻对方的恐惧心理,随后提出批评,能让对方在平静的情绪下思考自己的过失,最后再次给予肯定和表扬。而如果直截了当地批评,很可能让对方陷入对抗情绪中,这就失去了批评的初衷与意义。

2.不要伤害对方的自尊与自信

批评的前提是绝不能损害对方的自尊和面子,比如,你可以这样说:"每个人都有低潮的时候,重要的是如何缩短低潮的时间""我以前也会犯下这种过错……""像你这么聪明的人,我实在无法同意你再犯一次同样的错误""你以往的表现都优于一般人,希望你不要再犯这样的错误"。

3.批评同类错误,暗示对方

如果你不好意思直接批评他人,你可以先批评和对方所犯的错误性质相同的错误,把你的不满和指责委婉地传递给别人。因为你的话没有针对性,即便对方不愿意听或者有想法,也不会直接产生不满,但是由于所批评的错误和对方有同类性,所以即使是迟钝的人,也能感受到这份责备。

4.友好地结束批评

谁也不喜欢被人否定,因此,批评不当很容易让对方感到一定的压力,让其产生心理负担,甚至对你产生对抗情绪。为了避免这一点,你可以在批评结束时,以友好的态度表明你的期望。比如："我相信你一定能做得更好。"这是一种鼓励。而如果你说"今后不许再犯",那么对方势必会认为这是一种警告,这无异于是另一次打击。

  三明治批评法就如三明治,第一层总是认同、赏识、肯定,关注对方的优点或积极面,中间这一层夹着建议、批评或不同观点,第三层总是鼓励、希望、信任、支持和帮助,使之后味无穷。这种批评法,不仅不会挫伤对方的自尊心和积极性,而且还会让他们积极地接受批评,改正自己的不足。

  总的来说,在建议和批评的同时,不忘认同、赏识、肯定、关爱对方,可以使受批评者积极地接受批评,并改正自己的不足。否则纯粹的激烈批评会挫伤对方的积极性或者激起强烈的逆反心理,无法收到良好效果。

委婉指正，批评不可伤害他人自尊

我们都知道，三明治批评法的精髓在于"委婉"，因为绝大多数人都是好面子的，人们都喜欢被赞扬而讨厌被批评，因为批评意味着被否定。因此，生活中的人们，无论你批评的对象是谁，都要委婉指正，说得太直接会伤到他人的面子，这样他会对你产生反感。因此，话说得太直接只会伤害自己和他人之间的关系。

心理学家曾经做过这样一个实验：

让两个公司的负责人来分别批评迟到的员工。第一个公司的负责人将迟到者们都叫到了办公室，然后劈头盖脸地一顿臭骂，并让大家保证以后绝不会迟到，而第二个负责人则当什么事情也没有发生，只是在公司内添置了一个钟表。

结果，第一个公司里仍然不断有人迟到，而第二个公司里再也没有发生过员工迟到的事情。

同样是表达对下属的批评，采取的方式方法不同，最终的结果也不同。心理学专家是这样解释这种现象的：通常，人在受到别人的攻击时，出于本能，会产生反抗的心理。受到的攻击和压制越强，这种反抗的心理就会越强。这就是心理学上著名的"逆反心理"。基于人的这种心理，生活中的人们，在表达批评的时候，应尽量委婉一些，维护别人的自尊，减少对方内心的反抗情绪，才能更好地达到批评的目的。

　　杨女士在一家公司担任销售部门的经理，销售部与客服部一直是兄弟部门，因此，杨女士也经常需要管理一些客服部门的事，最近，她发现客服部工作效率慢、对待客户态度不友好，对此，她在公司的例会上就对客服部的工作提出了自己的意见。

　　然而，杨女士说话的方式太直接，她本来是想对客服部提出意见的，后来就变成了她要求客服部按照她想要的方式去处理事情。她的意见客服部的人听不进去，公司老板也将她的这种行为当成是对客服部宣泄不满情绪的一种方式，对客服部进行了批评教育，而且批评得很严厉。

　　在这次例会之后，客服部门的人在工作中对她的工作似乎就不像以前那样配合了，对她也产生了一些抵制情绪。由于少了客服部的配合，杨小姐在工作中也没有以前那么得心应手了，工作变得困难重重。但是，杨女士还不知道客服部的人为什么会变成现在这个样子,难道只是因为自己提出了让他们改善工作状态的意见吗?

其实,杨女士没有意识到的是,她认为的"意见",在他人看来却更像是"投诉"。这两者是有极大区别的。

杨女士就是因为说话太直接,造成了自己工作上的尴尬,导致工作无法顺利进行,得不到同事们的配合。如果杨女士当时将自己的意见用较为委婉的话表达出来,那么现在也就不至于让自己陷入这种尴尬的境地。

心理学专家研究表明:每个人内心都希望自己的人格得到别人的尊重,即使是犯了错误也不例外。这时候,倘若能委婉一些,把尊重送出去,别人内心多会因为感激而顺从,而不是因为不满而对抗。因而,在表达批评的时候,要委婉一些,避免激起对方的逆反心理。

那么,在批评别人的时候,如何才能做到委婉一些呢?

1.批评的时候对事不对人

很多时候,我们能接受别人批评自己不会做事,但是却不能接受别人批评自己不会做人。在批评别人的时候,很多人无意中用了人身攻击的言语,结果遭到对方的反击。因而,言语上一定要注意,要针对对方犯的错误,不要针对人进行批评。比如,你可以说"你不应该这么草率"或者是"这样做大错特错了"，不要说"你是笨蛋"等。

2.批评时要注意场合

人都好面子，都希望能在别人面前留个好印象。因而，在批评别人的时候，一定要注意场合。一般情况下，在人多的时候不宜表达批评，批评应单独进行。对方受到的伤害不仅是你的批评，更主要的是别人的嘲笑和议论。

3.批评要实事求是

如果一个人真的犯了错误，那么受批评也是情理之中的事情。但是如果你没有任何的证据，就对别人大呼小叫，试想，谁愿意受这个委屈呢？因为对于大多数人来说，受批评是小事，被冤枉却是大事。比如你的钱包丢了，你怀疑是舍友拿的，但在没有人证的情况下，最好别轻易询问和指责对方。

心理学家研究表明：在面对批评的时候，人的内心中有个"反弹指数"。一般情况下，人们受到的批评越强烈，这个反弹的指数会越大。当然，反弹指数不超过一定的"限度"，人是不会奋起进行反击的。反弹指数的限度也是人们内心的最终需求，那就是保证人格和尊严的完整。

将忠言顺耳说，令他人不怨恨还感激

前面，我们已经论述过批评他人时如果能运用三明治定律，及时和含蓄地提出批评或指出错误，忠言也会变得顺耳。批评或指出他人的错误，绝不能直截了当，而应该含蓄、委婉，找到正确的方式方法。的确，"人无完人"，尺有所短，寸有所长，每个人都有可能犯错误。我们犯错误，并不能说明我们一无是处；同时，一个人做了件好事，也不能说他做的每件事都是好的。人际交往中，当我们发现交际对方的过失而必须指出来时，不能不顾对方的颜面。我们只有注意方式方法，做到忠言也能顺耳，才能让他人不仅不怨恨，反而还感激我们。而如果我们坚持"忠言逆耳，良药苦口"的原则，说话过急或过火，必然会招致对方厌烦。当然，过轻或过迟，对方则可能根本意识不到。

那么，我们怎样才能做到忠言顺耳又能说到对方心里去呢？

1.先讲自己的过失

在日常生活中，所有的批评和建议如果只提对方的短处而不提他的长处，对方肯定会感到心理上的不平衡，或者感到委屈。最有效的办法之一就是先讲自己的缺点和过错。

因为你讲出自己的错误，就能给对方一种心理暗示：你和他一样都是犯过错的人，这就会激起他与你的"同类意识"。在此基础上再去批评或给对方建议，对方就不会觉得失面子了，因而也就更容易接受你的批评和建议，你的忠言也能通过顺耳的方式传递给对方。这也算一种含蓄的方法。

2.委婉表达，含蓄指出对方的过错

人都是有自尊心和荣誉感的，有的人之所以不愿接受批评或建议，主要是由于怕触伤自己的自尊心和荣誉感。为此，我们在给他人批评和建议时，如果能找到一种含蓄委婉的方法，反而更能达到使其改正错误的目的。

齐景公在位的时候，有段时间接连下了三天的大雪，景公披着狐皮大衣，端坐于朝堂之上。

晏子进去朝见，站了一会儿，景公说："真奇怪，大雪下了三天，为何一点也不感觉冷。"

晏子回答说："天气真的不冷吗？"

景公笑了。

晏子说："我听说古时明君自己吃饱的时候都能想到百姓处于饥饿之中，自己暖和的时候都能想到百姓寒冷，自己安闲了却想到别人的劳苦，现在您不曾想到别人啊。"

景公说:"好!我受到教诲了。"

于是景公命人发放皮衣、粮食给饥饿寒冷的人。在里巷见到的人,不必问他们是哪家的;命人巡视全国统计数字,不必记他们的姓名。发给已任职的人两个月的粮食,发给病困的人两年的粮食。

孔子听到后说:"晏子能阐明他的愿望,景公能实行他认识到的德政。"

这段文字记述的是晏子同齐景公的一段对话,提醒执政者要重视百姓疾苦。晏子劝谏,并不是采取直言的方式,而是从天气入手,让齐景公自己认识到自己不顾百姓疾苦的过失,进而产生了"我受到教诲了"这样的感叹。俗话说,伴君如伴虎,直言劝谏很可能招来杀身之祸,委婉劝谏才是既能让君王接受又能保全自己的最佳方式。

现代社会,人际交往中,采用委婉表达指出对方过失也不失为一个好方法。

我们说:"良药苦口利于病,忠言逆耳利于行。"说的是一个道理,但却不是日常交流中能运用的法则。人和人的感情不仅需要培养,更需要维护,而且规劝批评别人,正是以维护关系为目的去做的,那么,我们何不让苦口的良药也裹上糖衣呢?把劝谏的话说甜,甜到对方心里,对方必定接受并感激你!

软硬兼施法批评，表达出你的关怀

人都是害怕责备的，心理学家表示：人在受了责备之后，内心会产生抵触和对抗的情绪，甚至还会有逆反的心理，这时候如果能得到对方的安慰，内心的抵触和对抗就会大大降低。可见，在批评别人时，我们要善于把关怀和爱表达出来，温暖对方的心。

心理学家做过这样一个调查实验：让三个母亲分别去批评他们逃了学的孩子，第一个母亲把孩子劈头盖脸地骂了一顿；第二个母亲则对孩子说了很多好话；第三个母亲也狠狠地训斥了孩子，然后又对孩子好言相劝。结果，第一个孩子的逃学问题更严重了，第二个孩子也在继续逃学，只有第三个孩子不再逃学了。

同样是对孩子进行批评教育，三个母亲采用的方式不一样，结果也不一样。这究竟是为什么呢？心理学家分析了这种现象：犯了错误之后，人们的心里对于惩戒有一个心理期待，当得到的指责和批评超过心理期待,就会产生逆反心理。当得不到任何的指责时,就会错误地认为自己不会受责罚,就会继续犯错。如果进行批评指责之后,再给予其鼓励和帮助,让他们受了伤害再得到安慰,他们才会积极地改正错误。基于人们的这种心理,在批评和教育的时候,要软硬兼施,"打一巴掌再给个枣",才能从根本上达到教育的目的。很明显,这一方法是符合我们所说的三明治定律的要求的。

在生活里,这样的例子非常多。

杨女士有个正处于青春期的女儿,这天晚上,孩子一晚上没回家,她和丈夫非常着急,四处寻找,结果没有任何人知道她的下落。第二天,当女儿走进家门之后,杨女士二话没说,走过去就是一记耳光,当天晚上,杨女士罚她不许吃饭。到了午夜,杨女士打开了女儿的房门,面对惊恐不安的女儿,她端来了自己亲自下厨做的鸡蛋面,摸了摸女儿的脸,问:"还疼吗?"女儿摇了摇头,杨女士说:"赶紧吃了吧,别饿坏了身体。"顿时,女儿哭着喊道:"妈妈,我错了。"

这里,如果杨女士没有为女儿做饭,可能女儿会恨她很久。她的关怀让女儿内心的委屈得到了适当的安慰,怨气顿时烟消云散了。

的确，人在受了批评之后，内心会产生抵触和对抗的情绪，觉得别人伤害了自己，并因此对批评者产生憎恨。这种情绪会严重影响批评者和被批评者之间的感情。因此，在指责和批评了别人之后，要及时地表达你的爱和关怀，温暖他人的心，减弱对方内心的怨恨情绪。这样才能达到防微杜渐的目的。

那么，在批评的时候究竟如何做到软硬兼施呢？

1.当众批评之后，单独表达歉意

有些时候，批评要当众进行，这样不但能教育别人，也能给犯错者一个深刻的教训。但是，毕竟当众被批评会很没面子，很多人受不了。在批评之后，要单独找个机会，向对方适当地表达你的歉意。比如：有员工总是迟到，作为老板，就要当众批评，然后告诉员工，没有办法，不得不这么做。员工理解了老板的无奈，心里便不会再有怨气。

2.严厉谴责后，由他人关怀慰问

当你的谴责过于严厉，远远超出了对方的心理承受能力，势必会给犯错者造成心理上的伤害。这时候作为批评者，要找一个合适的第三者向犯错者传达关怀和慰问，让被批评者受伤的心得到及时的安慰。例如：身为母亲的你批评和责骂了女儿，在适当的时候父亲就要出来安慰孩子，化解孩子对母亲的不满和怨恨。

3.给予惩罚之后,及时好言相劝

很多时候,被批评者心里有不满,总觉得犯了一点小错误,不至于受这么严厉的惩罚,因而内心之中对批评者怀有不满情绪,甚至还会出现逆反心理,会和你和唱对台戏。因此,你最好在惩罚之后及时和被批评者沟通,对其好言相劝,让对方在做事情的时候多动脑筋,把事情做好,少犯错误。

当然,要做到以上三点,都需要我们控制好自己的脾气,稳定自己的情绪。你可以先冷静5分钟,等到能够平静地面对对方了,不妨试试把疾言厉色的批评或苦口婆心的劝诫换成情真意切的关怀。

用赞赏代替批评，暗示对方的错误情有可原

林肯说："人人都喜欢受人称赞""人类本质中最殷切的需求是渴望被肯定"。人类与生俱来就有一种正常的心理防卫机制。现实生活的人们，现在我们来假想一下，如果我们自身是被批评的对象，当自己受到批评的第一刻，往往也会有这样的第一反应："我真的错了吗？"紧接着，我们在内心深处就会开始找理由为自己辩解。即使批评者苦口婆心地劝说，我们也不可能听进去，而如果对方先对我们进行一番赞赏，能肯定我们的行为，那么，我们就会得到这样一个暗示："虽然这件事我的出发点是好的，但确实做错了。"那么，我们接受错误所花的时间与精力将会相对减少很多。可见，我们在批评他人时，要借鉴三明治定律，用赞赏法代替批评，对方不但能自行认识到自己的错误，更会感激你的指点。

在中国的教育界，有个家喻户晓的名字——陶行知。

一个学校在陶行知当校长时，有个调皮的学生叫王友，他是出了名的孩子王，经常捣乱，周围的同学和老师都有点怕他。

一天课间，陶行知看到他用土块砸同学，立即阻止了他，并告诉他一会儿来趟校长办公室。

放学后，陶行知早早地就看到王友站在校长办公室门外，但却一直不敢进去，因此，陶行知主动叫他进来。

被叫到校长办公室肯定不是什么好事，王友已经准备好被校长骂了。但谁知道，一见面，陶行知并没有提这件事，而是给了他一块糖果，并对他说："这是给你的，因为你按时来到这里，而我却迟到了。"

王友接过糖果，但他不明白校长为什么这么说，正在他惊疑之际，陶行知又掏出一块糖放到他手里，说："这块糖果也是奖励给你的，因为那会儿我制止你打人，你听到我的话就立即住手了，说明你很尊重我，谢谢你。"

王友听到校长这么说，更惊疑了。随后，陶行知又掏出第三块糖果塞到王友手里，说："我已经调查过了，你不是无缘无故地打人的，那些男同学欺负女同学，被你看到了，你这是见义勇为啊。说明你很正直善良，有跟坏人作斗争的勇气，应该奖励你啊！"

王友感动极了，他流着眼泪后悔地说道："陶、陶校长，你、你打我两下吧！我错了，我砸的不是坏人，而是自己的同学呀！"

这正是陶行知要得到的结果，他满意地笑了，然后，他又拿出第四块糖果递过去,说:"知错能改,善莫大焉。我再奖给你一块糖果,不过这可是我最后一块糖果了,我想我们的谈话也该结束了。"说完他就走出了校长室。

这就是陶行知与四块糖的故事。这小小的"四块糖",折射出了陶行知高超的批评艺术。在整个过程中,陶行知自始至终没有直接提及王友的错误,而是先对王友的行为进行了肯定,并将对他的关心、热爱与期望融入宽松和谐、幽默诙谐的情景之中,通过循序渐进、启发诱导、激励表扬,让王友充分认识到自己的错误。整个批评过程自然流畅,水到渠成。

心理学家研究表明:在人的内心,存在一个自我评断的机制,所以,一旦人犯了错误,这一机制就会启动,个人就会感受到良心的谴责,人们此时更希望获得的是别人的原谅和理解,这样,他们就能迅速建立起正确的思维和行为模式。为此,面对他人的错误,我们不直接批评,而是先肯定对方行为中正确的部分,他们就会感受到被尊重,也会自行认识到错误。反过来,你的指责会引起对方内心的抵触和对抗,他们还有可能在逆反心理的作用下,继续坚持自己的错误。这与批评教育的目的大相径庭。因而,在表达批评的时候,点到为止即可。

其实,人际交往中,批评别人,如能借鉴三明治定律,也就是委婉批评他人,往能取得事半功倍的效果。而如果对倾听者不加分析，批评就会遇到重重阻力。那么，我们该怎样做呢？

1.注意自己说话的态度

假若你劈头盖脸地批评对方，那么，这无疑是火上浇油，你会使对方迁怒于你。所以劝服别人一定要注意自己说话的态度，真诚恳切而又平心静气地向对方陈述，使对方信任你，才有可能说服对方。

2.掌握火候，不要在刚开始就讨论对方的错误

如果从一开始我们就反对对方，那么，只会激发出对方的逆反心理，而如果我们能站在对方的角度说话，也就是先肯定他，或者讲些对方愿意听的话，那么，你再表达自己的观点，对方会更容易接受。

3.切莫让对方先入为主

如果在你开口前，对方已经对你有了警戒心，那么，让对方接受批评的难度无疑就会加大，所以我们应当一面巧妙地松懈对方的戒心，一面小心地辅以适当的劝说，这样对方就比较容易接受。

总之，我们要对对方进行一番了解，当正面批评容易使对方产生对立情绪时，不妨采用迂回的方法：或退一步，或从侧面，或步步为营，总之，要先肯定对方可取的部分，然后暗示出对方的错误也是情有可原的，从而让对方在不知不觉中接受你的意见。

用鼓励代替指责，让对方有改正的信心

批评不是目的，只是方法，批评是为了指正对方，让对方做得更好。我们若希望对方接受我们的批评指正，可以用鼓励代替批评，以此暗示对方："你要有信心，你会做得更好。"鼓励法代替批评，是符合我们所说的三明治定律的要求的。

心理学家的研究也表明：当一个人被人批评的时候，往往内心会恐惧和担忧，还会因此而怀疑自己，容易产生自卑的心理，不利于个体主动做出改变。相反，当受到鼓励的时候，他内心的恐惧和担忧会慢慢消除，从而拥有自信去寻求继续进步和努力。可见，在一个人犯错的时候，鼓励要胜于批评。

一位年过四十的男士，因为他的未婚妻喜欢跳舞而被建议去学舞蹈，经过半年多的学习后，他确实进步不小，但这个过程是艰辛而曲折的，在回忆这件事时，他对他的朋友说：

"我必须要说，跳舞确实让我感觉回到了年轻的时候，为了能学好跳舞，我先后请了两名老师，第一位老师可能说的也

是实话吧，但是真的打击了我的自信心，她说我所有的动作都是错误的，我要将一切都忘记，重新来过。但是我真的没有动力继续学下去，所以我最后选择了辞退她。

"后来又来了一位老师，可能她说的未必是真话，但是我却很喜欢她，她很平静地告诉我，虽然我跳舞时的一些动作已经赶不上潮流了，但好在基本功还很扎实，最重要的是，她让我相信一点——我不用花费很多时间就能学会几种新的舞步。

"第一位教师把重点放到了我的错误上，而这位教师则不断地称赞我做的事，减轻我的压力，让我找到了自信心。后来，她还告诉我：'你是一位天生的舞者。'至于第一位老师，我付过钱的，为什么她要把那些伤人的话说穿呢？

"不管怎样，如果她没有告诉我我是一位天生的舞者，那么，我想我肯定很难有什么进步，她鼓励了我，让我看到了我能学好的希望，并使我不断进步。"

可见，如果你对你的家人、丈夫、孩子或者其他任何人说他们在某一或者某方面太愚钝，他们没有天赋或者做错了等，那么，这样就等于减少了他要做好某件事的动力；但如果你能运用完全不同的办法，宽容和鼓励他，让他感觉做好某件事情似乎没有那么难，让他产生自信心，那么，他的才能就会被激发出来，为了不让你失望，他也会努力练习。

心理学家解释了这种现象：当人在犯了错误之后，会因担心受到外界的批评而心生恐惧，同时，也因为遭受了挫折而感到委屈。在这种复杂的情绪之下，指责只能使恐惧变多、委屈变大，相反，鼓励则能让恐惧变少、委屈变小。基于人们的这种心理，我们在表达批评的时候，不妨用鼓励代替指责。

那么，究竟如何用鼓励的言语去批评对方呢？

1.肯定其积极的态度

不管对方是犯了错误，还是失败了，别人的努力付出是抹杀不掉的。这时候，与其去指责别人，倒不如积极地肯定对方的态度，让他更加有信心。比如，代表班级参加比赛的同学没有拿到名次，不要责怪他能力不行，而要肯定他的努力付出。这样，对方内心的愧疚和难受也会得到适当减弱。

2.表达你对对方的期望

尽管别人的表现与你期望的还有一段距离，但是这时候不要一味责怪别人，在肯定对方的同时，把你的希望和寄托说出来，让对方明白自己离你的期望还有多远的距离。比如：孩子的字写得很难看，你与其指责，不如说："你已经写得不错了，要是再耐心一些，认真一些，效果会更好。"这样，你的鼓励会让孩子更加有信心。

3.为对方描绘一幅蓝图

很多时候，我们之所以不懈地努力，是因为我们对自己的优秀深信不疑。当对方做错了事情，或者是遭遇到挫折。与其批评指责，不如告诉他，他是个了不起的人物。这样，别人的心里会重新燃起希望的熊熊烈火。

事实证明，信心对一个人的成功有非常重要的作用。关键时候，不妨为对方描绘一幅蓝图，让他对自己充满信心。

与其正面批评不如委婉暗示，让对方认识到不足

生活中，我们与人打交道，经常会遇到一些不便直言的问题，比如，批评对方，如果不顾对方的感受和情绪，把自己的想法强加给别人，不仅起不到预想的效果，还会恶化彼此之间的关系。此时，你可以从三明治定律中获得启示：运用委婉含蓄的语言来表达你的意思，那么暗示他人心理的目的就达到了。大量事实证明，暗示比直言快语更能凸显出表达效果，因为它所表现出来的婉转曲折，总是给人以愉快的心情。

我们来看看下面这位女士是怎样让那些行为懒散的建筑工人养成良好的事后清理的好习惯的。

陈太太最近请了几位建筑工人来加盖自己的房屋，一开始，当陈太太回家看到被弄得乱七八糟的院子和四处可见的木头屑时，确实有点生气。但是她并没有说出来，因为这些工人本身工作技术确实不错，她也不想因为这点小事让工人们对她产生反抗情绪而影响到工作，所以她认为，可以找一个比较委婉的方法。

这天，等工人们工作结束离开后，她叫来了孩子们，大家一起将那些木屑和杂物都清理掉，然后堆在院子的角落里。

第二天早上，当工人们来开工的时候，她把工头叫过来，对他说："你们昨天离开之前把这些木屑清理干净，我很高兴，这样邻居们终于不跟我抱怨了。"

从那天以后，工人们每天在完工之后，都会主动把那些木屑堆到院子的角落里，工头也会监督这些工人每天这样做。

从这则故事中，委婉间接地提出别人的过失，要比直接说出来要温和得多，而且，还不会让别人产生反感的情绪。

假如你想说服他人，可以记住一点——间接委婉地指出他人的错误。

语言暗示，也就是不明说，而用含蓄的语言使人领会。在日常生活中，很多时候我们都无法直接表达自己的想法，这时候就需要用暗示来表达，于是就出现了一语双关、含沙射影、指桑骂槐等旁敲侧击的艺术性语言。那么，在表达意见的时候，如何才能做到委婉一些呢？

1.委婉表达，回击他人的恶意攻击

在日常交际中，直接辱骂别人，听者当然很容易就能听出来。但如果对方是利用暗示语言来侮辱人，我们就更应该注意了，这时不仅要善于听出别人的恶意，还应该"以其人之道还治其人之身"。比如，安徒生戴了一顶破帽子，过路人取笑："你脑袋上边那个玩意是什么？能算是帽子吗？"安徒生随即回道："你帽子下面那个玩意是什么？能算是脑袋吗？"

2.拒绝他人

有的人喜欢用暗示来投石问路，这时你也可以用暗示来拒绝对方。比如，面对老乡的借宿请求，李先生这样暗示拒绝："城里比不了咱们乡下，住房可紧了。就拿我来说吧，这么小的屋子居然住着三代人……你们大老远地来看我，不该留你们在我家好好地住上几天吗？可是没有办法啊！"老乡只好知趣地走了。

3.表达不满

有时候，面对他人的错误，我们也最好以双关影射之言来暗示他，迫使对方意识到自己的错误。比如，顾客发现汤里有一只苍蝇，巧妙暗示老板："对不起，请您告诉我，我该怎样对这只苍蝇的侵权行为进行起诉呢？"

第二章

三明治定律与企业管理：
管理者批评下属要含蓄委婉

在企业管理中，作为领导，指导下属的工作是重要的工作内容，如果下属有了过错，而不加以批评，他就只能在错误的道路上越走越远，最后就不是你的批评能根治得了的了。领导作为核心人物，适当地批评下级，是很有必要的。但是好的批评是技巧性的，聪明的领导者往往懂得借用故事来达到自己的批评目的，这样，不仅仅是纠正错误，而且更能促进被批评者不断进步。

委婉含蓄，指出下属的错误不要尖酸刻薄

对于任何一个领导来说，在管理职能的执行中，批评都是一种必要的强化手段，批评与表扬是相辅相成的。批评也要讲艺术性，批评本身是一种指责，如果运用不当，下属就只会记住你的批评而不是自己的错误。作为一个领导，你应该尽量减少批评带来的副作用，尽可能地减少下级对批评的抵触情绪，来达到比较理想的批评效果。但在某些领导看来，批评就是全盘否定，只看到别人的缺点，忽视其优点。

其实，从"批评"所要达到的目的来说，我们完全可以从"三明治定律"中获得启发，可以把"批评"当作是"提醒""激励"，而不是去否定一个人。尤其是对于领导来说，自己对下属的批评要尽显善意，在坚持原则性的基础上教育几句就行了，千万不要言辞刻薄、恶语相向。如此，下属才能接受你的批评，而且，在接受的同时，他们还会对你充满感激。

每个人都有自尊心，即使是犯了错误的人也是如此。如果下属真的在某些方面犯了错误，领导在批评的时候，也要考虑对方的自尊心，切不可随便加以伤害。因此，批评他人的时

候，一定要保持心平气和，如春风化雨。而不是大发雷霆、横眉怒目，以为这样才能显示你的威风。实际上，你这样的批评方式，最容易伤害对方的自尊心，甚至会导致矛盾激化。

因此，你在批评对方的时候，不能言辞尖刻、恶语伤人。当你怒火正盛的时候，最好先别批评下属，等自己心情平静下来之后再去批评人。切忌讽刺、挖苦，虽然对方有过错，但是在人格上与你完全相等，所以不能随便贬低对方甚至侮辱对方。

委婉式的批评其实就是间接式的批评，即不当面直接地进行批评，而采取间接的方式对他人进行批评。你可以采用借彼喻此的方法，声东击西，这样会让被批评者有一个思考的余地，从而更容易接受。委婉式的批评特点就是含蓄，不会伤害被批评者的自尊心。每个人的自尊心都是很强的，领导人如果在公开场合点名批评犯错的下属，就会让对方感觉没面子，"威信扫地"，更有甚者会对领导者怀恨在心，有的干脆"破罐子破摔"。所以，领导者在对下属进行批评时，要采取委婉的批评方式，这样不伤害对方的自尊心，可以更容易让人接受。

那么，管理者对下属进行委婉批评的时候，需要注意哪些问题呢？

1.就事论事

领导批评的时候，是在平等的基础上进行的，态度上的严厉并不等于语言的恶毒，只有那些无能的领导才去揭人伤疤。揭人伤疤的做法只会勾起他人一些不愉快的记忆，这样对问题的解决毫无帮助；而且当你在揭他人伤疤的时候，除了会使被批评者心寒外，旁观的人听了也会不舒服。

因为伤疤人人都有，旁观者见到同事的惨状，只要不是幸灾乐祸的人，都会有"下一个就轮到我"的感觉。而且，你乱揭他人伤疤的行为，只会让他的颜面丧失殆尽，根本就没有达到你最初批评的目的。恰当的批评语言，是一个领导心胸和修养的直接表现，你决不能以审判者自居，恶语相向，不分轻重。

2.以朋友的口吻

你可以站在与下属相同的立场，用朋友的口吻去询问对方："发生了什么事？""我能为你做些什么？"或者"为什么会这样？怎么回事？"这样的询问方式，可以帮助你了解情况，以便更好地解决问题。

当然，你也可以直接告诉他你的要求，但是千万不要说："你这样做根本不对！""这样做绝对不行。"你可以试着说："我希望你能……""我认为你会做得更好。""这样做好像没有真正地发挥你的水平。"用提醒的口吻对他说更好，私下再与他交换意见，委婉地表达自己的想法，跟他讲道理、分析利弊，他就会心悦诚服，接受你的批评和帮助。

运用三明治法先肯定再批评，下属更易接受

作为管理者，在管理企业的过程中，难免会遇上员工犯错误的情况，此时，你如何批评下属就体现了你的领导艺术。如果直接批评，效果不一定好，还有可能打击员工的积极性，此时，如果我们能使用三明治批评法，也就是能先使用赞美法肯定下属，然后合理、中肯、委婉地提出批评，下属往往更能认识到自己的错误，同时，他们会受到鼓舞，积极改正错误。

我们先来看看美国前总统约翰·卡尔文·柯立芝的一次经历。

约翰·卡尔文·柯立芝于1923年成为美国总统，他有一位女秘书，人虽长得很漂亮，但工作中却常因粗心而出错。

一天早晨，柯立芝看见秘书走进办公室，便对她说："今天你穿的这身衣服真漂亮，正适合你这样漂亮的小姐。"这句话出自柯立芝之口，简直让女秘书受宠若惊。柯立芝接着说："但也不要骄傲。我相信你同样能把公文处理得像你一样漂

亮。"果然从那天起，女秘书在处理公文时便很少出错了。

一位朋友知道了这件事后，便问柯立芝："这个方法很妙，你是怎么想出来的？"柯立芝得意洋洋地说："这很简单，你看见过理发师给人刮胡子吗？他要先给人涂些肥皂水。为什么呀，就是为了刮起来使人不觉得痛。"

柯立芝的这一故事告诉领导者，在批评下属时，最好将批评夹在赞美中。将对他人的批评夹裹在前后肯定的话语之中，能减少批评的负面效应，使被批评者愉快地接受对自己的批评。也就是说以赞美的形式巧妙地取代批评，以看似间接的方式达到目的。

一位著名公众人士曾提出一条原则："给人一个好名声，让他们去达到它。"研究调查表明，那些被赞美的人宁愿做出惊人的努力，也不愿让赞美的人失望。因此，作为领导者，你应该努力发现下属的一些闪光点，你给下属一些阳光，他会还你一片灿烂。

聪明的领导者在下属犯错误时，绝不会与下属斗气，对下属劈头盖脸一顿臭骂，而是会掌握批评的艺术，让下属心甘情愿地接受批评。

我们再来看看伏尔泰的批评技巧。

伏尔泰曾有一位仆人，有些懒惰。一天伏尔泰请他把鞋子拿过来，他把鞋子拿来了，但鞋上沾满泥污。于是伏尔泰问道："你早晨怎么不把它擦干净呢？"

"用不着，先生。路上尽是泥污，两小时以后，您的鞋子又要和现在的一样脏了。"

伏尔泰没有讲话，微笑着走出门去。仆人赶忙追上说："先生慢走！钥匙呢？请给我食橱上的钥匙，我还要吃午饭呢。"

"我的朋友，还吃什么午饭？反正两小时以后你又将和现在一样饿了。"

仆人听后，没多说什么，赶紧去打扫起来。

伏尔泰巧用幽默的话语，批评了仆人的懒惰。如果他厉声呵斥他、命令他，就不会有这么好的效果了。

和谐的上下级关系不是下属有了缺点和错误，上司却不加批评、放任自流，而是领导者对下属进行批评教育时，善于因势利导，循循善诱。

那么，具体来说，我们该如何批评下属呢？

1.先对下属充分肯定

肯定下属，就是对下属在平时工作中做的努力给予肯定，这样，后面再指出其失误，下属接受起来也容易得多。

2.不要伤害下属的自尊与自信

下属也要面子，更是有自尊的，我们批评下属，就必须要掌握这一核心，绝对不损害对方的面子，不伤害对方的自尊。

3.选择适当的场所

下属也是爱面子的，公共场合的批评会让他下不来台，因此，批评下属不要选择在众人面前，最好是选择私下里、单独的场所，比如，你的独立办公室、安静的会议室、午餐后的休息室或者楼下的咖啡厅，都是不错的选择。

4.不是所有事都要批评

人无完人，每个人都会在工作中犯一些错误，只是错误的轻重程度不同，领导者对于那些重大错误才需要批评，而对于一些可以忽略的错误，则没必要追着不放，如果任何一件小事都要批评的话，就是吹毛求疵了。

总之，身为领导，要批评下属，也要靠技巧。不要用恶语中伤他人，劝告他人时，如果能使用赞扬和肯定的方法，并做到态度诚恳，语出谨慎，将会达到事半功倍的效果。

批评有理有据，下属才会信服

前面，我们分析过，领导者批评下属，应当注意方式方法，与其直截了当地指出，不如委婉表达，尤其是运用三明治定律，下属更易接受，然而，我们还必须要遵循一个前提——事实清楚，有理有据，而不是捕风捉影。在日常工作中，我们常常见到有些领导，事先不调查、不了解，只是凭一些道听途说的消息，或者只凭自己的主观猜测，就开始批评下属，结果造成你说话没有可信度，还有可能给话题中涉及的某人带来一些意外的伤害。

在批评下属的时候，领导讲话一定要有理有据，不能自己的耳朵听到了，就以为是真的，心里承认还不要紧，还要摆出来说，那就显得很没有分寸了。领导讲话代表着一定的权力和威信，很多时候，你只凭自己的主观臆断或捕风捉影就说开了，这样只会使下面的人深信不疑。当事情的真相出来了，结果跟你认为的差之万里，到时候你就会为自己的错误判断付出代价，你作为领导的可信度严重降低，还会直接地损害你的形象。对于自己还不是很清楚的事情，千万不要捕风捉影，妄加推测，一定要有了事实依据后再批评下属。在没有任何根据的情况下就开始批评他人，只会让自己陷入窘境。

赵娟是部门里出了名的能干，在领导王科长看来，她根本不像一个女孩子，做什么事情都风风火火，浑身上下一股子男孩子气。最近，赵娟因为工作需要，与公司另外一个部门的领导走得很近。由于平时赵娟表现很优秀，办公室里的同事对此都很妒忌，于是，源于嫉妒之心的风言风语开始流传开来。

这天，王科长无意间听到了办公室里的风言风语，吓了一大跳，心想：坏了，这小丫头可给我惹麻烦了，我得好好说说她。于是，回到了办公室，王科长还没坐下，就给赵娟打了个电话，赵娟急匆匆地跑来："王科长，什么事？"王科长有点生气："赵娟，你平时表现很优秀，上面的领导都很重视你，可是你，你太让我失望了！"赵娟感到一阵莫名其妙："我怎么了？"王科长放低了声音："你作为科室人员，还是需要注意自己的形象，不要与别的部门里的人暧昧不清，人家都是有家室的人了，我想你应该比我更清楚这件事的严重性。"赵娟听了，恍然大悟，开始为自己抱不平："我以为什么事情呢，原来是这件事，王科长，别人这样说，我不感到奇怪，可你也这么认为，我就有点意外了，我跟那位领导真的是工作伙伴，我们之间能有什么？"说着说着，赵娟的脾气也上来了："这么着急地把我叫来，王科长你的话也太捕风捉影了吧，自己都没仔细调查，怎么就这样说我？"说完，赵娟气冲冲地离开了办公室。王科长想了一会，也觉得自己的行为欠妥。

在案例里，王科长作为领导，仅凭着办公室里的风言风语就对下属赵娟进行了批评，如此的批评是没有任何根据的，也难怪赵娟会觉得不服气。王科长并没有去了解事情的真相，而只了解了事情的表面，就发表了自己的意见，所造成的结果就是批评了不该批评的下属。对领导来说，表扬和批评都是管理的手段之一，运用得好会使我们的管理工作事半功倍，但用得不好就会出现尴尬的局面。因此，领导在批评的时候需要慎重，要在原原本本地了解整个事情的基础上，经过深思熟虑，然后做出客观的评价。

下属在某些地方犯了错误，领导批评的方法和态度都很重要，但最基本的还是事实准确与否，有无出入，该不该这位下属负责。有的领导事先调查不够，事实真相与其了解的情况有差异，如此一来，被批评的下属就会感到很难受；还有的领导，仅仅听到了有人打的"小报告"，就以此为据，对下属大加批评，那就更难以服人了。所以，领导在批评下属的时候，要弄清楚事实，说话有根据，责任要分清，如此，下属才会信服。

那么，在实际工作中，领导该如何做到批评有根据呢？

1.批评要坚持唯实的原则

针对下属所犯下的错误，领导应从实际出发，弄清事情的本来面目，找出问题的原因，合理地分清责任，这样的批评才有理有据，既不夸大，又不失察，下属自然会心服口服。在日常工作中，上级批评下属，或否定下属，必须以事实为依据，不能随心所欲，更不能以感情代替原则。

2.勿以势压人

领导批评下属的时候，要在平等的气氛中进行，这样才容易被人接受。如果领导摆出一副居高临下、盛气凌人的姿态，下属不服就用自己的气势压服，动不动就说："是我说了算，还是你说了算？"或者是给对方下最后通牒："你必须按我说的去做，否则你自己走人。"这样的话，就很容易激起对方的逆反情绪。对方可能也会想：我为什么一定要听你的？或者不服气地反过来说："悉听尊便，你请吧，我才不怕呢。"这样的批评方式根本解决不了问题，结果反倒是逼而不从，压而不服，激起他的反抗情绪。

3.勿"鸡蛋里面挑骨头"

下属犯了错误，适当的批评是很有必要的，但是不要什么事情都批评。对于那些鸡毛蒜皮的小问题、小毛病，只要是对大局没有造成大的影响的，领导应当采取宽容的态度，切不可斤斤计较、过于挑剔。如果你采取这样的做法，只会使下级开始谨小慎微，让他无所适从。甚至在他的心里还会产生"不求有功，但求无过"的想法，对于今后的工作也会产生重要影响。领导对于有些事情，只要指出对方的过错就行了，不要"鸡蛋里面挑骨头"，全盘否定他的成绩。

激励代替批评，让下属全力以赴

前文我们已经提及，在管理中，批评下属是再正常不过的事，但管理者要明白，批评不是目的，而是方法，真正的目的是指正下属在工作中的不足，让对方做得更好，为此，当下属犯错时，我们与其直截了当地批评，不如语言激励，对于下属来说，一句语重心长的激励比批评更暖心。因为激励法与我们所说的三明治定律异曲同工，本质上都是用更温和的方法和手段让他人认识到自己的错误，并加以改正。

李先生是一家小工厂的老板，工厂的订单一直不多，生意也不好，工人们个个消极怠工，李先生一直在努力，希望能为工厂找一条出路。不过，他认识到，要想改变工厂的现状，从根本上还是要对工厂的工人们进行一次心理革命。

这天，李先生将工人们都叫到了厂里的礼堂，在对工人们进行问候之后，他便直入主题："我先给大家讲个故事吧。很久之前，有一个农民，初中只读了两年，家里就没钱继续供他上学了。他辍学回家，帮父亲耕种三亩薄田。在他19岁时，父亲去世了，家庭的重担全部压在了他的肩上。他要照顾身体不好的母亲，还有一位瘫痪在床的祖母。

"80年代，农田承包到户。他把一块水洼儿挖成池塘，想养鱼。但乡里的干部告诉他，水田不能养鱼，只能种庄稼，他只好又把水塘填平。这件事成了一个笑话，在别人的眼里，他是一个想发财但非常愚蠢的人。

"他又听说养鸡能赚钱，于是向亲戚借了500元钱，养起了鸡。但是一场洪水后，鸡得了鸡瘟，几天内全部死光。500元对别人来说可能不算什么，但对一个只靠三亩薄田生活的家庭而言，不啻天文数字。他的母亲受不了这个刺激，竟然忧郁而死。

"他后来酿过酒、捕过鱼，甚至还在石矿的悬崖上帮人打过炮眼……可都没有赚到钱。

"35岁的时候，他还没有娶到媳妇。即使是离异、有孩子女人也看不上他。因为他只有一间土屋，随时有可能在一场大雨后倒塌。娶不上老婆的男人，在农村是没有人看得起的。

"但他还想搏一搏，就四处借钱买了一辆手扶拖拉机。不料，上路不到半个月，这辆拖拉机就载着他冲入一条河里。他断了一条腿，成了瘸子。而那辆拖拉机，被人捞起来，已经支离破碎，他只能拆开它，当作废铁卖。几乎所有的人都说他这辈子完了。

"但是后来他却成了我所在的这个城市里的一家公司的老总,手中有两亿元的资产。现在,许多人都知道他苦难的过去和富有传奇色彩的创业经历。许多媒体采访过他,许多报告文学描述过他。但我只记得这样一个情节——记者问他:'在苦难的日子里,你凭什么一次又一次毫不退缩?'他坐在宽大豪华的老板台后面,喝完了手里的一杯水。然后,他把玻璃杯子握在手里,反问记者:'如果我松手,这只杯子会怎样?'记者说:'摔在地上,碎了。''那我们试试看。'他说。

"他手一松,杯子掉到地上发出清脆的声音,但并没有破碎,而是完好无损。他说:'即使有10个人在场,他们也都会认为这只杯子必碎无疑。但是,这只杯子不是普通的玻璃杯,而是用玻璃钢制作的。'

"于是,我记住了这段经典绝妙的对话。这样的人,即使只有一口气,他也会努力去拉住成功的手,除非上苍剥夺了他的生命……"

在场的工人们听完这段话之后,已经是热泪盈眶。

自从这次讲话之后,员工们的积极性提高了很多,有的工人积极搞生产,有的工人积极寻找销路,工厂效益好转了不少,这让李先生倍感欣慰。

在这则故事中,面对消极怠工的工人,李先生并没有直接批评和指责，而是讲了一个激励下属的故事，备受感动的下属自然愿意全力以赴、努力工作，而且，在接受的同时，他们还对李先生充满莫大的感激。

激励有一种强大的力量，它可以让人改变自我，发愤图强，把自己的所有精力投入工作之中。所以，领导在面对下级出现的一些小问题、小错误的时候，批评下属要尽显善意，少一些批评，多一些激励，这样才能够让他全身心地投入工作中，而那些他身上的小问题、小缺点也会因为你的忽视而逐渐消失不见。

事实上，世界上拥有巨大成就的伟人，他们或多或少都是因为身边人一句激励的话语，才能取得举世瞩目的成绩。没有爱迪生母亲对儿子孵鸡蛋的行为的肯定与赞许，也许爱迪生就没有今天的辉煌成就；英国作家韦斯特若没有得到老校长的激励，可能就写不出无数本畅销书，英国文学史上就缺少了不朽的一页。同样，在工作中，作为领导者，也要认识到激励的作用，用故事委婉激励下属，能激发下属的内在潜能，使其更好地为公司效力。

总之，当一个人做错事之后，内心之中更渴望得到别人的理解和鼓励，而不是严厉的斥责。企业管理者也要深谙这一批评法则，当下属犯错时，鼓励能让他重拾信心，而斥责则会让他更加灰心。

运用幽默批评，能给他人一个台阶

人非圣贤，孰能无过？无论是谁，都有犯错误的时候。作为领导，很多时候你都要指出他人的错误，如果这时你给予的是过激的、不适当的批评，只会让他在错误的路上越走越远。实际上，批评是一种艺术，即使你信奉"忠言逆耳利于行，良药苦口利于病"，也不能忘了，人都是有自尊心的。如果你想用"嘴"来说动别人的"腿"，那么，你可以运用幽默，给对方心理上带来一点甜头，使对方接受起来更容易，很明显，这与我们所说的三明治定律有着异曲同工之妙。

那么，可能有些人会产生疑问，到底我们该如何将幽默运用到批评中呢？具体来说有这些方法：

1.批评前先调侃自己

批评时，如果很快进入正题，被批评者很可能会产生不自主的抵触情绪。即使他表面上接受，却未必表明你已经达到了目的。所以，应先让他放松下来，然后开始你的"慷慨陈词"。要做到这一点，你不妨先调侃一下自己，再幽默地批评他人。

一次，学校组织学生到报告厅看电影。看完电影进班后，学生们仍在谈论着电影中有趣的故事情节。

临近上课，年轻漂亮的黄老师走到教室门口，只听坐在前面的王勇兴奋地喊了一声："黄大爷来了！"学生们一见是老师来了，哄堂大笑起来。

黄老师故意打岔说："今天王勇怎么这样客气，竟叫我'黄大爷'！"学生们笑得更响了。

接着，黄老师一本正经地说："其实，我们在校园里不必这么客气，不管老师年纪大小，只要叫'老师'就好了，不要叫'大爷''大叔'的，但也千万不能没有礼貌，直呼老师的姓名。"

几句装糊涂打岔的话，说得王勇脸红了。

案例中的这位黄老师就是个很懂批评之术的人，面对学生的无礼，她并没有大发雷霆，也没严厉地批评，而是先调侃一下自己，接下"黄大爷"这个称呼，当学生们为此发笑时，她再以开玩笑的方式指出学生的不礼貌，让学生王勇认识到自己的错误，同时，也对其他同学起到教育作用。试想，如果这位老师在对犯错误的学生批评教育时，板起面孔训斥一通，严肃得不见一丝笑容，那么不是师生矛盾激化，就是造成貌似平静实隐波澜的僵局，教育效果不佳，也会使学生背上思想包袄，心理负担颇重。

2.反弹琵琶的幽默批评法

反弹琵琶，是一种创新的批评方法，它不仅能让人在平凡中发现不平凡，有时甚至能化腐朽为神奇。

某公司几位年轻小伙子很喜欢打麻将，经常下班约着一起打，并且经常一玩就是一整晚。

一天深夜，当他们在其中一个小伙子家玩性正酣时，小伙子的妻子下夜班回来了，这把他们惊呆了，都以为这个女人会大发雷霆。

谁知妻子开玩笑地说："都几点了，还在'筑长城'啊？既然这样热爱'长城'，今后有机会我们上北京八达岭长城去游个够。"

短短的几句话，乍一听，好像是表扬，实际上提出了批评意见，很有幽默色彩。

这不，她的话一说完，几个同事就知趣地收起麻将离开了。

这种情况下，这位妻子说话如此委婉客气，这是她好修养、好气度的表现。假如她换一种盛气凌人的口吻呵斥："怎么搞的？半夜还在打麻将，请你们离开！"只能让对方反感。

3.批评过重时可以用幽默挽救

现实生活中，一些领导者，说话心直口快，面对他人错误，一阵狂风暴雨之后，才发现原来自己真的"言重"了，这种情况下，你可以采用幽默法补救。

陈太太去看病，她等了半天，也没有等到检查结果，于是，她很生气地对医生说："你们的办事效率也太低了，要是我有重病的话，估计现在都进天堂了。"

面对病人的抱怨，这位医生也很不高兴，就紧皱着眉头说："你暂时还不会去天堂，但你的健康状况糟透了！你的腿里有水、肾里有石头、动脉里有石灰。"

陈太太一脸尴尬，挤出笑容说："医生，如果你现在说我脑袋里有沙子，那么我明天就可以开始盖房子了。"两人相视而笑。

这则故事中的陈太太是个机智的人，当她发现自己的话可能让医生产生了不愉悦的情绪时，她就借助医生的话，开了个玩笑，让彼此心中释然。

总之，作为领导，如果你需要批评他人，那么请在批评时给人一个台阶，尽量用幽默故事使你的批评妙趣横生，既鞭辟入里又轻松愉快，这样才能起到事半功倍的效果。

正己才能正人，批评下属先做好自我批评

对于管理者来说，无论从工作经验、能力还是其他方面来说，都是优于下属的，但这并不代表管理者就完美无瑕，实际上，管理者也是人，也会犯错，因此，在下属犯错的时候，可以先做个自我批评，再批评下属，这样下属接受起来更容易，而这也是三明治定律给我们的启示。而在自我批评时，领导者需要摆正心态、心平气和，以此让下属感受到你的诚意。

一个敢于自我批评的人无疑是值得尊敬的。而且，从说服力上来说，作为领导者，即使下属所犯的错误真的不是自己所为，但自己作为上司，也有着不可推卸的责任，在这时，你需要拿出领导者应有的风度与涵养，先做好自我批评，再批评下属。这样，你的话语会更有说服力，与此同时，下属也会更容易意识到自己的错误。

有一家空调制造厂，因为员工工作效率低，生产部的主管很着急，他使尽了各种方法，说了很多好话，甚至使出了"完不成任务，就走人"的威胁手段，还是收不到任何成效，他只

好向总经理作了如实的汇报。

这天，总经理在主管的陪同下，将大家召集到了一起，然后对大家说："我很不幸地告诉大家，因为厂子总是完不成订单任务，我们已经失去了很多客户；而现在，厂子效益差，可能难以为继了，这个季度的任务完不成，真的就要关闭了。也许有些人已经知道了消息，也找好下家了。我今天来是向大家道歉的，大家跟着我这么多年，辛苦了，都是因为我经营不善、管理不当，如果我早早地就做好风险防范工作，多找路子，就不会这样了。"说完，总经理深深地鞠了一躬。

大家听完总经理的话，羞愧地低下了头，因为每个人都清楚，之所以效率低、完不成定额，原因在自身，而不在总经理身上。从这天之后，大家都不约而同地努力了起来，产品产量也得到了很大的提升。

案例中的这位总经理就是个善于教育下属的人，面对下属怠工的情况，他并没有直接批评，而是把责任归结到自己身上，他说这个"忏悔的故事"，很明显，是为了让员工认识到自己的错误，进而调整工作状态，努力工作。

在现实工作中，一些领导在自己犯了错误的时候，不进行自我检讨，不进行自我批评，反而拿下属开刀，说得下属一无是处，如此的领导，既不客观，也不公正。领导者要明白，批评自我，不但不会抹黑自己的形象，反而会展示给大家一个更客观公正、光明磊落的形象。当然，自我批评是需要勇气的，不过，你在进行自我批评的时候，就已经战胜了自我。

小刘是某公司财务部门的一名员工，工作以来一直尽职尽责，但最近在工作上却出现了一点小疏忽。

一次，一位同事原本是请了病假，但在核算工资的时候，他却给了那位同事全勤的工资。幸亏，他很快发现了这一点，然后他及时地告诉那位员工，解释说必须要纠正这个错误，他要在下一次的薪水中减去多付的薪水金额。

然而，那位员工说这样做会给自己带来严重的财务问题，因此，他请求分期扣回多付的薪水。但是，这样的话，小刘必须首先获得上级的批准。

小刘心想：我知道这样做一定会使老板十分不满。不过，在小刘考虑如何以更好的方式来处理这种情况的时候，他也明白这一切混乱都是自己的错误造成的，若告诉了老板，自己肯定会受批评，于是，他瞒住了整件事情，自作主张地应允了那位员工的要求。

没承想，过了两周，这件事还是被老板知道了。在办公室里，小刘向老板说明了事情的详细经过，并承认了自己的错误。老板听了大发脾气，拍着桌子吼道："你是怎么办事的？事先怎么不跟我说一声？我发现你现在胆子越来越大了，擅自做主决定这件事情，是不是再过几天，你就坐上我的位置了？"小刘低着头不说话，心里却很不服气：虽然我有错在先，但现在已经处理好了，而且，谁叫你平时不关注公司的事情，有了问题你才出来，这算什么领导啊。

后面的日子里，小刘也不怎么听领导说话了，经常是自己一个人闷着头做事。而领导也觉得，那些下属是越来越难管了。

虽然，小刘作为下属，犯错在先，但他在犯错之后也想到了挽救的办法，这一点是值得领导肯定的。而小刘的上司却在得知整件事情之后，不分青红皂白就大骂了下属一顿，这只会令小刘更委屈。现在他的心里有了抵触的情绪，在以后的工作中，这样的情绪就会影响其工作效率及态度，而领导则会感觉自己已经无力管理下属了。

俗话说："金无足赤，人无完人。"谁都难免会犯一些小错误，作为上司，应该宽容下属所犯的错误，当然，这样的宽容并不是毫无原则的纵容，而是在心理上与下属站在一起，告诉下属"这件事情，我也有责任"，并且坦承自己过错在何处，从心理上缓解下属的恐惧情绪。让下属感觉到，自己并不是一个人在承担责任，领导也站在自己这一边，这样下属更容易看清自己的错误。同时，领导率先做自我批评的时候，其实是在下属面前树立了一个敢于承担责任的榜样。

下属固然有了过失，但同时，处于指挥和监督岗位的领导也有不可推卸的间接责任。下属犯错误的时候，如果领导像没事一样，盛气凌人，只把下属批评一顿，却不肯承担自己的责任，好像自己永远是正确的，那么，下属就会有自己在领导心中一无是处的委屈之感。虽然下属表面上并没反驳什么，但他们心里却会耿耿于怀，站在了领导工作的对立面。所以，在批评下属的时候，领导者应先自责，进而再指出下属的错误，使下属有与领导共同承担责任之感，使其产生愧疚之心。那么，在以后的工作中，下属定会尽心尽力，付出自己的所有。

第三章

三明治定律与说服之道:说话贴合他人心理更易劝服成功

现代社会中，无论你从事什么职业，都需要与人合作，单打独斗不可能真正成功。在这样的情况下，很多时候，你都需要别人接受你的想法、观点，然后与你采取一致的行动，这就需要你具备说服他人的本领。然而，真正的说服绝不能硬碰硬，而应该从三明治定律中获得启示：委婉巧妙，且将话说得贴合对方心理。

别急着反驳，先肯定对方

三明治定律告诉我们，人们更愿意在愉快和谐的氛围中接受他人的意见，而这也是很多人不能成功说服别人的一个原因。要想成功说服对方，首先必须进入对方的内心世界，如果一开始就针锋相对，那么，对方就会产生逆反心理，我们也很难达到说服的目的。所以我们在反驳他人之前，最好先肯定对方，打消对方的逆反心理，才能真正让对方接受你的观点。

然而，事实上，人们往往都很喜欢争论，特别是在聊天的时候，不论大事小事，为了说服对方，都喜欢争辩一番。从某种意义上说，争论是人的一种天性。因为思想、认识存在不同，其中一方想要说服另一方，就会发生争论，而这也正表现出人们认识的一个误区，他们认为，只有争论才能说服别人。人们又都喜欢显示自己的聪明，在争论中击败对方，就是一种难得的精神享受。

有一位太太，马上就要过生日了，往年，她的丈夫都会送她鲜花、巧克力或者香水等，但今年她希望丈夫能送给自己一颗钻戒。

这天，等丈夫回家后，她直接对丈夫说："过几天就是我生日了，我想要一颗钻戒，你送我行吗？"

"什么？"丈夫很吃惊地问她。

接着，这位太太说："每年的礼物都是那些花、巧克力什么的，很快就没了，我想要一颗钻戒，钻戒是永恒的呀。"

"鲜花和巧克力才浪漫嘛，而钻戒，什么时候买都可以。"

"可是，我现在就想要一颗钻戒，你看我朋友张太太、邻居吴太太手上都戴了钻戒，就我没有，就我没人爱……"最后，夫妻两人因为一个小小的生日礼物而吵了起来。

还有一个与之相似的故事，可以与上面那个故事形成鲜明的对比：

有一位太太，第二天就是她的生日了，她对下班后回来的丈夫说："亲爱的，今年我过生日就别再送我礼物了，好不好？"

丈夫很吃惊地问她："为什么？肯定要送的。"

她没有说具体原因，反而继续说："明年也不要送了。"

听完这话，丈夫更奇怪了。那位太太接着说："我想把每年你送我礼物的钱存起来，一次存一点，积少成多。"然后这位太太羞怯地对丈夫说："我想让你送我一颗小钻戒……"

丈夫说："噢！原来是这样啊！"不过最后结果呢？她的丈夫还是在她的生日当天给她买了一颗大大的钻戒。

不难比较出来，在以上两个例子中，后面例子中的这位太太更懂如何让爱人答应自己的要求。

我们先来看第一位妻子，她着实不太懂得说话，一开始，她就否定了之前丈夫送的礼物，不难想象，谁也不想被否定，她的丈夫肯定会为此而感到不悦。接着，她又拿自己与其他人比较，称自己"没人爱"，这不但大大地伤害了她丈夫的自尊心，更否定了彼此的爱。即使最后她的丈夫在一气之下给她买了钻戒，这样硬讨的礼物，就算拿到，又有什么意思？她已经给丈夫留下了不好的印象。

至于第二个例子中的那位太太，同样是希望得到一枚钻戒，但她的做法就聪明多了。她没有直接提出自己的要求，而是反着来，先说不要礼物，最后才把真正的目的说出来。她称自己现在不要礼物是为了存钱，希望到后年能拥有钻戒这一礼物，这样，她的丈夫当然会提前满足自己太太的愿望，这是多么美妙的事。这可谓是高超的说服之术。

那么，劝人的过程中，我们具体该使用什么样的战术呢？对此，美国著名学者霍华提出了让别人说"是"的30个技巧，现在摘录10个，供读者们参考：

①要照顾对方的情绪。

②要以充满信心的态度去说服对方。

③找出能引起对方关注的话题，并使他继续注目。

④切忌以高压的手段强迫对方。

⑤直率地说出自己的希望。

⑥尽量以简单明了的方式说明你的要求。

⑦要表现出亲切的态度。

⑧要向对方证明，为什么赞成你是最好的决定。

⑨让对方了解你并非是"取"，而是在"给"。

⑩让对方知道，你只要在他身旁，便觉得很快乐。

可见，说服别人，是讨论而非争论，用和谐和讨论更能让对方信服你的观点；而与对方争论，就会让对方从心理上产生一种敌意，无论你怎样说，对方心底都会有抵触情绪，在这种情况下，想要说服他人是很难的。

从对方感兴趣的话题切入，更易劝服成功

前面，我们分析了三明治定律的定义，认识到批评他人不可直截了当，而应该给对方一个心理缓冲，其实不只是批评他人，在其他方面，比如我们在说服他人、让他人接受我们的想法时，也可以运用这点。因为只有贴合人心地劝说对方，将话说到对方心坎里，对方才会自愿接受你的意见并改变。

根据三明治定律，我们要想说服对方，就必须先接近对方，让对方对自己产生好感。要想接近对方，我们可以先从对方感兴趣的话题切入，这样更易劝服成功。

生活中的你，可能也曾有过这样的感悟：当有人表现出和你相同的爱好时，你会关注他。比如，对方和你穿相同的衣服，用和你同样的护肤品或者和你操同样的口音，即使是不认识的陌路人，你也会和对方聊上两句。一般情况下，有了相同的爱好，人们才觉得有了安全感。你明白对方能够体会你的快乐和痛苦，你就会很自然地向对方靠近，分享那份快乐。

我们先来看下面的案例：

李月大学毕业后，找到了一份不错的工作。可是由于她初来乍到，生活也不宽裕，所以选择和了别人合租。

　　刚搬进新家不久，李月就发现隔壁的丽丽是个不善言辞的人。对方爱看电视，而且总是看韩剧，喜欢着装打扮。而对于李月来说，她更喜欢看国内的都市剧，更喜欢朴素淡雅一些。两人没有共同的兴趣爱好，所以尽管住在一个屋檐下，但是很少交流。

　　时间久了，李月感觉非常难受。她试图和对方交朋友。可是接触了几次，都因为话不投机而不得不放弃。但是她真的想和对方像朋友一样交流。

　　一次，李月打开电视，电视上刚好在播韩剧，她找遥控器想换台，可是找来找去就是找不着，不得不看韩剧，看了几分钟之后，她觉得还挺有意思。那晚，她没有再换台，一直在看韩剧。第二天，丽丽主动找她说话："昨晚，我听你也在看韩剧，我也在看，都看哭了。"

　　李月笑了笑说："是啊，情节挺感人的。"那天，丽丽还表达了对李月的关心。李月渐渐明白了，要想获得丽丽这个朋友，那么就要向她的爱好靠近。这样双方有了共同的话题，才能交流感情。

　　从那以后，李月也每天盯着看韩剧，而且有时候会叫丽丽一起看。她也慢慢地喜欢上了打扮自己。丽丽喜欢逛超市买衣服，李月隔三差五就拉着丽丽一起去。

就这样，李月和丽丽成了形影不离的好朋友，后来成了好姐妹。正可谓是有福同享，有难同当。在这个陌生的城市里，李月再也不是孤单一人了。

其实，最后李月之所以和丽丽成为好朋友，是因为她从丽丽的兴趣入手，拉近了彼此之间的距离，获得了对方的好感。如果李月不是主动从丽丽的兴趣爱好着手，那么她可能没有办法让丽丽接纳自己。

生活中的人们，当你说服他人时，是否被拒绝过？如果有，这就表示对方对你产生了戒备心理。对方有戒备心理，你对他的说服工作自然就很难进行，所以，你在进行说服之前，必须先仔细观察对方的言行举止，然后采取相应的策略。对于有戒备心理的人，最好的说服办法是从对方身上找到共同感兴趣的话题。之所以与有戒备心理的人进行情感交流有困难，主要原因就是对方有"我和你属于两个完全不同的世界"这种思想。如果对方认为自己在各方面都与你不同，那么，他就不会与你进行沟通。然而，说服者要解决这个问题，就应该让对方意识到，你们属于同一个世界，即同一个集体。

那么，我们该怎样寻找对方感兴趣的话题呢？

1.从对方关心的对象谈起

交谈时如能从对方十分关心的对象谈起,就能做到投其所好,能帮助你打开交谈局面,而其实,我们不必绞尽脑汁地寻找对方对什么话题感兴趣,因为对于大部人来说,感兴趣的话题不过以下几种:

你可以谈美食、旅游、天气;

你可以谈运动、健康;

你可以谈生命、谈友情、谈事业;

你可以谈同情心、谈责任感、谈真理;

你可以讨论书籍、电影、广播节目、国际新闻或本地的新闻;

你可以与他交换一下关于某本杂志上一篇文章的看法……

诸如此类,都是很好的谈话题材。

2.从对方最深切的情缘谈起

人是有情感的,交谈时,如果能从对方最深切的情缘切入,情真意切,往往能使其打开话匣子,达到交谈的目的。比如,你可以从对方的口音入手:"您也是××地的人吗?"

3.从对方"在行"的话题谈起

常言道,三句话不离本行,人们都喜欢谈论自己在行的话题。因此,我们与人交流时,要想接近对方,可以从他最精通的话题谈起。假如对方是医生,你对医学虽是门外汉,也可以用"问"的方法来打开局面:"近来感冒又流行了,贵院大概又要费心一阵子了吧?"这样一来,对方的话匣子就打开了,你可以从感冒谈到症状、药品和补品等,只要双方都不厌烦,话题就可以一直谈论下去。

说服他人一定要找到一个沟通的切入点,让对方产生好感,对方才可能接受你的观点、意见。因此,你需要从心理的角度出发,及时抓住有利时机,投其所好,打开对方的话匣子。做到这一点,说服就成功了一半。

观点不一时，不必针锋相对与之争辩

生活中，人与人交往，难免有意见不合的时候，此时，我们必定想说服对方，但双方都会产生一种防范心理，我们若不希望彼此之间产生心理隔阂而影响彼此关系，就不能针尖对麦芒地与之争辩。毕竟没有人喜欢咄咄逼人的人。如果你在人际交往中凡事都要与人针锋相对，那么，在长时间的矛盾累积中，对方只会离你而去。那么，你很可能会产生疑问：观点不一或者出现矛盾时该怎么做呢？对此，你完全可以从三明治定律中获得启示：绝不硬碰硬，而是先转移对方视线再巧妙应对。这是一种绝佳的方法，清代以才智过人著称的纪晓岚，曾经就采用这一方法绕开了乾隆皇帝给他出的难题。

有一次，乾隆皇帝实在清闲，便想测试一下纪晓岚到底有多聪明。

于是，他将纪晓岚传进宫，然后对他说："纪晓岚！"

"臣在！"

"我问你：何为忠孝？"

纪晓岚说:"君叫臣死,臣不得不死,为忠;父叫子亡,子不得不亡,为孝。合起来,就叫忠孝。"

"好!朕赐你一死。"

纪晓岚一听,不知乾隆皇帝葫芦里卖的什么药,但是他心想,既然皇帝这么说,一定有他的用意,君无戏言,不得不从,于是,他只好谢主隆恩,三拜九叩,然后走了。

乾隆皇帝看到纪晓岚的反应后,顿时也慌了神,他心想,不过是跟纪晓岚开了个玩笑,他不会真的去死吧?他回来的话,就是欺君之罪,是死;不回来,也是一死,但是纪晓岚智慧超群,死了多可惜。乾隆皇帝想,这次我倒是要看看你今天怎么逃脱。

半炷香时间后,纪晓岚气喘吁吁、面带悲色地跑了进来,扑通一下就跪在了乾隆皇帝的面前。

看到此情此景,乾隆皇帝故作生气地说:"大胆,好个纪晓岚!朕不是赐你一死吗?你为什么又回来了?"

纪晓岚说:"皇上,微臣原本打算投河自尽,但是我正准备纵身一跃时,屈原居然从河里跳出来了,他很生气地告诉我:'纪晓岚,枉你还是个读书人,怎么这么糊涂,想当年我投汨罗江自杀,是因为楚怀王昏庸无道;当今皇上皇恩浩荡,贤明豁达,你怎么能死呢!'我一听,就回来了。"

最后,乾隆皇帝哈哈大笑,说:"好一个纪晓岚,你是真能言善辩啊。"

即使乾隆皇帝知道纪晓岚说的是恭维话，可是他仍然按照纪晓岚的话在心中给自己定位了：一个贤明的君主。纪晓岚看似愚钝，执行了乾隆皇帝的"赐死"，但他却利用了每个人爱听恭维话的特点，为自己解了围。

那么，他是如何成功的呢？他面对乾隆帝给自己出的难题，采取曲线救国的道路，避开问题，对乾隆皇帝恭维一番，爱听好话的乾隆皇帝自然很受用。

说服他人时，如果我们与之辩论，只会加剧对方的反感和排斥心理，反而不如巧妙地转移对方的视线，从另外一个角度强有力地说明事实真相。由此可见，看上去需要我们花费精力的迂回说服，实际上却是最短的途径。在说服他人的过程中，假如遇到正面的阻碍，最好的办法就是避重就轻，曲径通幽。

对此，我们可以从以下两个方面努力。

1.先认可对方

我们来看看卡耐基是怎么做的。

卡耐基租用了某旅馆大礼堂讲课。一天，他突然接到通知，租金要提高3倍。卡耐基前去与经理交涉。他说："我接到通知，有点震惊，不过这不怪你。如果我是你，我也会这么做。因为你是旅馆的经理，你的职责是使旅馆尽可能盈利。"紧接着，卡耐基为他算了一笔账，将礼堂用于办舞会、晚会，当然会获利。"但你撵走了我，也等于撵走了成千上万有文化的中层管理人员，他们本会因我而光顾贵旅馆，我是你花再多的钱也买不到的活广告。那么，哪样更有利呢？"经理被他说服了。

在这里，卡耐基提到"如果我是你，我也会这样做"，其实就是对对方的言行进行认同，意思是"我也是站在你这边的"。一旦有人对自己的想法或行为表示了认同，那我们就会降低心理防备。聪明的卡耐基正是看中了这一点，他先是认同了经理的看法，然后表达出自己的见解，最后使经理心甘情愿地将情感的天平倾向了自己这一边。

2.逐步渗透，影响对方

这并不是消极地耗废时间，也不是硬和人家耍无赖，而是要善于采取积极的行动影响对方、感化对方，促进事态向好的方向转化。当然，此时就考验我们的口才了，要善解人意，抓住问题的症结，巧用语言攻心。

实际上，在交际中，让对方认同自己的绝妙途径是先认同对方。如果你首先就对其想法和行为进行否定，或者拒绝倾听其说话，那对方的逆反心理就会涌现出来，他会故意与你敌对，根本不愿意按照我们的思维方式进行思考。但如果你先是对其表示认可，比如"你的话有一定的道理""你这件事做得不错"，通过语言分析强化对方想法的正确性，致力于站在对方的角度，然后进行积极引导，这样是可以成功地将对方争取到自己这边来的。

第三章 三明治定律与说服之道：说话贴合他人心理更易劝服成功

设身处地劝说，更易打动人心

生活中，我们希望对方接受我们观点的时候，是不是都已经习惯了从自身角度考虑问题呢？是否都已经习惯了只顾把自己的观点传达给对方？这无可厚非，但当你慷慨陈词的时候，你是否注意到交际对方情绪的变化呢？当你针锋相对反驳对方的时候，你是否发现对方的脸色由晴转阴了呢？当你一句扫兴的话给对方泼了冷水的时候，你是否发现对方已经兴致全无并有意终止交谈呢？

实际上，避免直截了当地说出他人不喜欢听的话，寻找更委婉的方式，是我们一直说的三明治定律的核心。委婉的劝服方式有很多种，其中就有一条著名的心理策略——换位思考。换位思考就是完全转换到对方的角度思考，从而更理解人、宽容人，就是要求在观察处理问题、做思想工作的过程中，把自己摆放在对方的角度，对事物进行再认识、再把握，以便得到更准确的判断，使说出的话能真正说到别人的心窝里。

小雪是一名中学教师，平时生活比较有规律，下了班就回家做饭、照顾父母，和她不同的是，她的丈夫因为自己经营了一家公司，需要在客户和供应商之间周旋，常常应酬到深夜才回家，对此，小雪从没有怪丈夫不早点回家陪自己，而只是担心丈夫的身体。她知道，若丈夫长此以往下去，那么，等他到中年时可能会有一些存款，但他的身体肯定也垮了。

这天晚上，又到十二点多了，小雪还在等丈夫回来，锅里的小米粥热了一遍又一遍。终于，她清晰地听到楼下汽车的声音，她马上出去开门，果然，丈夫东倒西歪地走了过来。小雪气急了，对丈夫说："你有本事就别回来了嘛！"

"你这是什么话，我辛辛苦苦在外面赚钱养家，你怎么这么说？"

小雪一听，知道自己话说重了，但她是在担心丈夫，于是，她又说："老公，你知道吗？嫁给你好几年了，我很幸福，但随着你现在事业越做越大，我担心的就越来越多，尤其是你每天应酬，你的胃经常痛，你的健康状况也越来越差，你是家里的顶梁柱，千万要照顾好自己的身体。"

听完妻子的话，原本还不清醒的丈夫顿时眼眶湿润了，他一把搂住小雪，对小雪说："老婆，对不起，让你担心了，以后能不去的应酬，我尽量推辞，你放心吧。"

小雪用力地点了点头。

生活中，可能很多妻子都遇到过这样的情况，你们是怎么做的？案例中的妻子小雪的做法是正确而有效的，面对应酬到半夜才回家的丈夫，她并没有多加责怪，而是从理解的角度，对丈夫说了一番动情的话，让丈夫认识到妻子对自己的关心和担心，于是，一场即将开始的争吵就这样在一片温馨的氛围中息止了。

人们常规的思考问题方式是：我们站在什么角度，就会做什么事、说什么话。而实际上，"横看成岭侧成峰，远近高低各不同"。当我们从不同的角度看待问题时，会看到另外一番光景。另外，不同的人，看待不同的事，也有不同的观点。所谓"仁者见仁，智者见智"，有些事情并不一定有对与错之分，而是因为眼光不同，看法也就不一样。因此，如果你要做好沟通，就要站在对方的角度考虑，不要认为自己永远是对的。

"己所不欲，勿施于人"，其中的意思也就是推己及人，设身处地为别人着想，就是从别人的角度去想问题。从这个角度出发，我们就能知道如何说话、把握说话的度了。事实上，那些明事理、重情义的人，他们在说服他人的时候，总是能设身处地充分考虑对方的切身利益、实际困难。在此基础上进行说服，才称得上是真正的通情达理，也更令人心悦诚服。而如果丝毫不考虑对方的情感和需要，双方交谈就没有共同的语言，说服就无从谈起了。

　　总之，如果与人对话时我们多从沟通的角度出发，多一点将心比心的理解，多说一点善解人意的话，那么，语言表达就容易引起对方的共鸣，一种独特的亲和力也就寄寓其中了，而接下来，成功说服对方也就容易得多。

巧言描述，让对方看到接受说服后带来的益处

现实生活中，人们参与社交活动，与人沟通，多半都是有一定的目的的，也就是为了一定的利益，即使两个人的友谊再深，也不可能完全脱离利益而存在，比如，对方想结交某个名人，而你若能为其提供结交的机会，那么，对方就会主动与你结交。因此，我们要想说服他人，就可以根据人们的这一心理，巧妙说出对方在接受说服后能获得的益处，对方一定会主动接纳我们的意见。

乔·吉拉德是世界著名的推销大师，在推销界享誉盛名。

某天，展厅内来了一位客户，经过沟通和了解，乔·吉拉德向她推荐了一款合适的车型。那位客户对着崭新的汽车，左看看右看看，在汽车周围转了又转，好像非常欣赏。

"夫人，如果您不介意，可以坐上去试试？"

"是吗？你们对面的车行，每款车上都写着'请勿触摸'的字，你们的可以试试吗？"

"当然可以！"

这位女士坐在驾驶座上，握住方向盘，触摸操作一番。从车里出来，那位女士说："不错，新车的味道真好！"

"那您要购买这辆车吗？"

"哦，我再考虑考虑，好吗？"

"亲爱的夫人，您可能还不知道这辆车驾驶起来有多么的舒服。您愿意把它开回家体验一下吗？"

"真的吗？"这位女士感到不可思议。

"当然，没有任何问题！"

后来，这位女士真的把车开回了家，她的家人都对这辆车赞不绝口，随后，她便告诉吉拉德她确定购买这辆车。

乔·吉拉德之所以能成功推销这辆车，是因为他在让客户参与方面做得很成功，他让客户充分了解了这款车的方方面面，满足了客户的好奇心。其实每个人都有很强的好奇心，特别是对自己不太了解的产品，人们都喜欢亲自接触和尝试。

从乔·吉拉德的推销经验中，我们也可以获得一些说服技巧上的启示，人们之所以不愿意接受别人的说服，要么是"没有看到自己即将失去的"，要么是"没有看到自己可能得到的"。关于后者，如果我们能通过语言描述，让其看到接受说服后带来的益处，他一定会毫不犹豫地答应。

具体来说，我们可以通过以下几个方法说服对方。

1.调动对方的想象力

人的想象力是惊人的,对于同一个事物,不同的人会得出不同的看法。

因此,如果我们在说服他人的过程中,能充分调动对方的想象力,为对方描绘未来美好的蓝图,将会对你说服他人有很大的促进作用。因为从心理学的角度看,一旦人们的内心世界已经形成一种美好的愿望,那么,他们是极其愿意接受实现这种愿望的途径的。下面这段话展现了一个销售人员是如何劝说客户购买产品的。

"周末的早晨,您带着孩子们,穿着我们公司的户外运动鞋,来到郊外,舒展已经劳累了一周的身体。郊外有座山,那天,有很多人一起爬山,当爬到半山腰的时候,有些人的运动鞋居然出现了问题,这些人面临的将是难以前进的道路……而您,却带着孩子们挑战山顶的高度!"

2.让对方参与,体验互动

人们常说,"耳听为虚,眼见为实",相比你所说的,人们更愿意相信自己的眼睛,更愿看见真实的幸福生活。此时,如果你能调动起对方的视觉、嗅觉、味觉、触觉等感觉,那么,一旦他们对你的话产生了信心,就会很愿意相信你。

3.要找到对方最关心的"利益"问题

不同的人，关心的问题不同，能对其起作用的点也就不同。也就是说，我们要分清对象，比如，销售过程中，有些客户比较爱贪便宜，那么，你可以暗示他购买后会赠送某些小礼品；请客吃饭时，一些人比较看重可以结识哪样的人，为此，你可以告诉对方饭局上会有某个名人、权威人士或者对方一直想认识的人；等等。

4.你所应允的"好处"应当属实

若对方答应我们的请求，是因为我们加以利诱，而当他们发现我们的承诺并不属实时，自然会心生不悦。这样，我们说服的目的也就难以达到了。

总之，聪明的人在劝服他人的过程中，都会巧妙攻心，他们并不会苦口婆心地劝说，而是常使用语言为对方描绘美好的未来，这一方法是符合三明治定律给我们的启示的，能加快对方接受意见的脚步，一旦对方感受到你所描述的蓝图是美好的，他们就会毫不犹豫地选择听从你的意见。

巧妙过渡，别在一开始就表明目的

我们都知道，人都是精明的，很多时候，我们的目的是说服别人，但对方也会对我们心存防备，直截了当、一开始就表明我们的说服目的，对方很可能拒绝我们，此时，要想攻破这层堡垒，我们就要运用三明治定律，我们可以先不提自己的说服主题，先从家常式的谈话开始，层层深入，让对方在不知不觉中接受和认同我们的价值体系和理念。

这天，孕婴产品推销员小邓来到某小区，敲开了一家人的门。

"阿姨，您好，你怎么一个人在家？你儿子媳妇呢？"

"你弄错了，这是我女儿的家，她怀孕了，我是来照顾她的。"

"哎，真是可怜天下父母心啊，您这么大把年纪了，还为女儿着想，想当年，我岳母也是，生怕我妻子冷着饿着，孩子出世后，也是一刻不闲着。"小邓说。

"可不是嘛！不过我女儿很好动，身子也不错，这会儿她婆婆带着她出去散步了，我们两个老太婆还怕照顾不好一个孕妇吗？"老太太爽朗地笑了起来。

"是啊，我看阿姨您就是一个和善的人，全家一定都很幸福，对了，阿姨，只顾着和您聊天，都忘了跟您说了，您看，这是我们公司的产品，是专门针对婴儿设计的，包括奶粉、益智玩具，还有各种婴儿期的书籍等。"

"原来，你是搞推销的？"

"是的，阿姨，不过您不购买也没关系，打扰您这么久，我赠送您一个小玩具吧。"说着，推销员拿出了一把玩具手枪，老太太一看，喜欢得不得了，但她一想：要是女儿生的是女孩，那岂不是不合适？再说，亲家也会以为自己重男轻女。那要不，再买个小娃娃吧。就这样，老太太主动提出再买个娃娃。

小邓一看，自己的方法奏效了，就对老太太说："对了，阿姨，您的女儿还有几个月生？"

"两个多月。"

"现在的女人呀，都爱美，对于孕后的身材可是很在意的，我妻子就是，当年生完孩子后，一年多都没恢复，我那时候想，要是我能多挣点钱，给她买点有助于产后恢复身材的产品，就不会那样了。阿姨，现在我们公司的这款产品，正是针对产妇设计的，只要产后每天锻炼十几分钟，就能起到很好的效果。您要是给您女儿买一个的话，她一定会很高兴。"

"是啊，那我也买一个吧，反正女儿生孩子，我这个做母亲的，也没为她买什么。"

接下来，在小邓的轮番轰炸下，这位老太太居然一次性购买了上千元的母婴产品。

案例中，推销员小邓在道明自己的拜访目的后，对方的反应是："原来，你是搞推销的？"从这句话里，我们发现，即使前期小邓做了很多亲近对方的工作，但对方还是产生了戒备心。此时，他采取了以退为进的策略，提出赠送产品，面对免费产品，谁会拒绝？而这一"送"，就"一发不可收拾"，在小邓的劝说下，对方产生了各种购买需求。

其实，不只是销售，很多情况下，我们在表明自己的说服目的之后，都会被对方拒绝，而如果我们能曲线救国，先从一些简单的认同开始，当对方消除防备心之后，再让对方一点点认可你的观点，效果可能就完全不一样了。为此，我们可以这样做：

1.得体的形象会让对方对你留下良好的第一印象

在和对方正式见面前，一定要穿着整齐干净，交流的时候不要太强势，要有很好的亲和力。让对方在轻松自如的环境中和你交流。也许对方会抵触你的说服话题，但不要让他抵触和你交流，所以，给对方留下良好的第一印象是我们成功说服对方的前提。

2.先不提说服目的，向对方提出一个令其无法拒绝的要求

这里，我们还是以销售为例，很多客户对销售人员有很强

的戒备心理，所以看到销售员的时候，他们的态度非常冷漠，甚至是敌视。这时候，聪明的你不妨先抛弃自己的销售员身份，以一个普通人的身份提出一个人性化的要求。比如上个厕所，或者是喝杯水，要么问个地址。这些最基础的要求，一般人都不会拒绝，你的客户自然也不会拒绝。因为对方觉得即使满足你这样的要求，也不会影响到他，再说了，这些连最起码的陌生人都能满足的要求，销售员专门来拜访，要是不能满足他，也有些太不近人情了。在满足这些人性化的要求时，销售员要抓紧机会和客户套近乎，从而提出更高一些的要求。

3.淡化利益观念

我们可以不和对方提说服的目的，只是聊家常，在对方认可你这个人之后，自然愿意主动接纳你的观点。在消除芥蒂和化解误会后，双方之间达成一致也就是水到渠成的事了。

4.层层递进，让对方接纳你的观点

也许你在做了很多工作后，对方还是不接纳你的观点，此时你不可焦躁，不要急着把自己的观点强加到对方身上，你要层层递进，慢慢地走进对方的内心，不要急于求成。避免引起对方的反感，和对方发生对抗。

所以，我们要明白一点，任何一次说服工作都不是一蹴而就的，需要我们做足心理准备，逐步打消对方的顾虑，进而让他们认可和接纳我们。

第四章

三明治定律与拒绝他人：
怎样沟通能够不伤人心

生活中，我们常说，助人为快乐之本，朋友寻求我们帮忙，我们理应援助，然而，人的精力和能力有限，我们不可能事事答应，可以说，学会拒绝是一种自我保护。此时，我们便可以从前面提出的三明治定律中获得启示、寻找拒绝他人的绝妙方法。的确，否定他人，也要间接婉转，将拒绝的话说得巧妙，才能不伤人心。

委婉暗示，让对方知难而退

拒绝别人或被别人拒绝，是我们每个人每天都可能经历的事情。这是人生中非常真实的一面，谁都会有这样的经历，朋友、同事，甚至领导都可能会来找你帮忙，但有时他们提出的要求是你没有能力或不愿意去做的，此时，我们就要学会拒绝他们的请求。拒绝的话一向不好说，说不好就很容易得罪人。因此拒绝他人时，要讲究策略，最重要的一点就是善于运用三明治定律，无法直接说出口的拒绝就委婉表达，给对方暗示，让对方知难而退。

在人际交往中，善于拒绝者，既能使自己掌握主动，进退自如，又能给对方留足"面子"，搭好台阶，使交际双方都免受尴尬之苦。即使他人的要求是无理的，这一方法也是通用的。

销售张小姐长相靓丽，某客户一直追求她。一天，客户又来到张小姐的公司，对她纠缠不休，因为该客户是公司重要合作伙伴，所以张小姐不敢得罪他。她灵机一动，笑吟吟地对客户说:"王总,要不待会儿我们三个人去拳击馆玩玩吧。"客户一愣:"拳击馆?我、你,还有谁啊?"王小姐神秘地说:"我男朋友啊,他可是去年的业余拳击比赛冠军呢,而且是个喝酒外行、喝醋内行的家伙。"客户一听,愣了,说:"那你们去玩吧,我今天还有事。"说完,就灰溜溜地走了。

张小姐利用幽默,既委婉地拒绝了客户的骚扰,又保住了客户的面子和自己的尊严,试想,如果她当时严词拒绝或者委曲求全,结果都不会太好。她用幽默显示了自己的态度和智慧,同时软中带硬,让客户知难而退,达到了避免其再来纠缠的目的。

在现实生活当中要拒绝他人时,就十分有必要采取这样一种心理策略。

在生活中,特别是女性朋友,经常会遇到不喜欢的人的求爱。既然对男方没有好感,自然是要拒绝的。不过,一定要选择正确的拒绝方式,以免让求爱者下不了台。毕竟,喜欢一个人并不是谁的错,虽然做不成恋人,但是成为一对好朋友还是有可能的。

小刘是一位十分漂亮的姑娘,周围有很多追求者,她对这些追求者都没有兴趣,当面对一些男子的求爱时,她都婉言表示拒绝。比如，她在拒绝一个小伙子的追求时这样说道："我听朋友们说你的人品很好，既孝顺老人，对朋友也十分热心，通过这些日子和你的接触，证明他们所言不虚。能够和您做朋友，我感到非常开心。如果我们能早一点认识就好了，哪怕是早上那么一个星期呢，我们的关系都可以继续发展。您是一位聪明的人，是善解人意的，请您一定要体谅我现在的处境，让我们永远做好朋友吧！"她把话说到了这个份上，那个小伙子就很知趣地不再纠缠她了，并且对她的善解人意钦佩不已。

总之，直接拒绝别人的话总是不好说出口，但拒绝的话又经常不得不说出口。这时不妨用暗示法来拒绝，抹去对方遭到拒绝时的不愉快感，对方既能接受，也不伤和气，更不至于令对方难堪、丢脸。

拒绝他人，有情有义的理由让他人不忍怪罪于你

生活中，没有人喜欢被拒绝，而同时，拒绝他人也并非易事，不少人在拒绝别人时都存在一些心理障碍，生活中的你，是否也曾经为以下事情伤过脑筋？一个你曾经认识的人，他品行不良，但非要和你借钱，你深知，如果钱借给他，就等于肉包子打狗——有去无回；或者一个熟识的生意人向你兜售物品，明知买下会吃亏，却碍于面子不好拒绝；或者你的患难朋友，曾在你最困难的时候帮过你，现在有求于你，你心有余而力不足，但他不相信，认为是你忘恩负义，故意不帮助他……遇到这些问题，你该怎么办？要记住，你不是神仙，不能呼风唤雨、有求必应，该拒绝的，就必须要拒绝。如果不好意思当场拒绝，轻易承诺了自己不能、不愿或不必履行的职责，事办不成，以后你会更加难堪。

的确，拒绝就意味着将对方拒之门外，拒绝了对方的一片"好意"，有时会让对方很难堪。但如果此时我们能借鉴三明治定律的精髓，能根据不同的场合和对象进行考虑，选择恰当的方法、以情动人地说出自己的理由，或者为对方寻求更好

的解决方法，那么，即使是被拒绝了，对方也会感觉到你的情义。

小张是公司的一名小领导，员工的工作她必须参与，上级领导的工作她也不能推卸，因此，她常常忙得焦头烂额。最近，她负责一项权责以外的工作，弄得昏头涨脑。因为是第一次接触这类工作，不明白的地方很多，所以她常在思考上花费很多时间，导致工作进度很慢。偏偏在这个时候，上司又要求她去参加拓展业务的研讨会。

小张不自觉地就用比较强烈的口气拒绝说："不行啊，我现在根本就没时间参加什么研讨会。"

上司听后，似乎心头也起了一把火，很不满地说："好吧，那从此以后就不再麻烦你了！"

显然，小张的言辞上有不妥之处。遇到这样的情况，首先要将上司的请求当作指示、命令。一道命令下来，就没有拒绝的余地。在这种背景下，如果不留余地地拒绝，上司肯定会发火，而且也让上司的面子很挂不住。这个时候，你可以先说明一下自己的处境。一般来说，如果将自己的难处真切地说出来，上司是能体谅并且接受你的拒绝的。

我们拒绝他人的原因是多种多样的，或是力不能及，或是爱莫能助等。如果你不想因为拒绝而搞坏你与对方的关系，那么，就不妨在你拒绝的语言中加入点情感的因素，但要注意做到以下几点。

1.语气平缓

除非是那些公认的无理要求，否则，你应当尽量语气平缓地拒绝，以免伤害对方的感情。

2.态度真诚

的确，我们之所以拒绝对方，多半是因为我们实在无能为力，而表明难处，也是为了减轻双方的心理负担，并非玩弄"技巧"来捉弄对方。因此，拒绝他人，态度一定要委婉、真诚，特别是上级对下级的拒绝、地位高者对地位低者的拒绝等，更应注意自己说话的态度，不可盛气凌人，要以共情的态度、关切的口吻讲述理由，争取他们的谅解。而在结束交谈的时候，还应再次表明歉意，热情相送。

3.表达你的无奈

用真诚的陈述告诉对方，自己因为哪些原因而不能帮他，是帮不了或不便帮，而非不愿帮。

4.表达你的关心

你需要向对方传递一个信息——"我虽帮不了你，但我还是为你遇到的问题着急，并在内心里希望你能解决这个问题"，而非"事不关己，高高挂起"之意。

5.如果可以，尽量为对方提供一些建议或者解决问题的方法

对于一些你自己帮不了，但你又能够给出合理建议的问题，你要站在对方的角度，围绕问题本身帮他找解决办法，并给出你的建议供他参考。只要你的建议质量较高，那么哪怕对方没能得到你的亲自帮助，也会对你心生感激之情，至少不会怀疑你对他的情谊。

的确，当我们对别人有所要求，或者与人沟通的时候，如果对方都能爽快答应，我们必定心生欢喜；如果对方一再刁难，这个不行，那个不好，我们一定会感到此人不好合作，不通人情。因此，拒绝他人时，还可以从"情"入手，人类都是情感的动物，如果你能把拒绝的理由也说得有情有义，那么，不仅可以成功拒绝他人，甚至还可以帮你赢得友谊。

转移话题，是一种迂回拒绝的战术

拒绝是一种艺术，既能巧妙达到拒绝的目的，又不至于让对方心里产生不快的情绪，这才是高明的拒绝。通常而言，太过直白的拒绝往往是伤害人的，不仅严重打击对方的积极性，而且还会令对方心生怨恨。对此，我们不妨学习三明治定律的精髓——转移话题，迂回说"不"。

比如，有两种拒绝方式：一种是"我不吃日本料理"，另一种是"附近还有其他特色餐厅吗？我不太习惯吃日本料理"。前一句更像是一句带着刺的话语插进对方心里，典型的以自我为中心而践踏了别人的一番好意；而后一句则委婉地表达了自己的想法，别人会更容易接受。当我们开始说"不"的时候，态度必须是委婉而又坚定的。委婉地拒绝比直接说"不"更容易让人接受。比如，当同事提出的要求不合公司部门规定的时候，你可以委婉地告诉对方你的权限，自己真的是爱莫能助，如果耽误了工作，会对公司与自己产生影响。

在日常生活中，相信我们都经历过需要拒绝他人的情况，你需要拒绝，但是更需要"不会让对方伤心的拒绝话"，艺术的拒绝方式让对方感受不到一点伤害，对方反而会理解你的处境。当别人对你有所求而你却办不到的时候，你不得不说"不"，当然，拒绝并不是以伤害他人为目的，而是要以和为贵，尽可能在不影响两人关系的前提之下进行。虽然拒绝是很容易让对方难堪的，但在不得已的时候还是会用到拒绝，事实上，只要你能够很好地运用拒绝的艺术，它最终带来的并不是尴尬而是和气。

不好直接拒绝时，只好采取迂回的战术，转移话题也好，另有理由也行，关键是要善于隐晦委婉，不至于使双方撕破脸。事实上，人都是聪明的，你大可不必担心对方不能领悟你转变话题的用意。

有对年轻男女在一起工作，男方对女方产生了爱慕之情，男方急于表白心意，女方虽心领神会，但是却不愿将友情向爱情方面发展，女方认为还是不要说破，保持那种纯真的友谊比较好。于是，就出现了下面的情况：

男青年：我想问问你，你是不是喜欢……

女青年：我喜欢你借给我的那本公关书，我都看了两遍了。

男青年：你看不出来我喜欢……

女青年：我知道你也喜欢公共关系学，以后咱们一起交流学习心得吧！

男青年：你有没有……

女青年：有哇！互相切磋，向你学习，我早就有这个想法了。

男青年：……

这位女青年3次都把男青年的话打断，使得男青年明白了她的想法，于是放弃了表白。这比让他直率问出来，女青年当面予以拒绝要好很多。

生活中的人们，在遇到以上案例中的情况时，你又是怎样将拒绝的话说出口的呢？的确，在拒绝他人时，我们有时会觉得不便说"不"，便随便找些理由来搪塞对方，以求得一时的解脱。但这个方法并不高明，因为对方仍可能会找理由与你纠缠下去，直到你答应为止。比如你不想答应帮他做事，推托说："今天我没有时间。"他可能会说："那没有关系，你明天再帮我做就好了，事情就拜托你了。"此时，你可能很难再用其他借口推辞了。因为这些都是小小的谎言，一经反驳，你肯定会感到慌乱，说"不"的意志便很难坚持了。实际上，你不妨采取转换话题的方法，对对方的问题不予正面回应。

当然，我们在采取这一语言策略的时候，需要做到合理转变、才思敏捷、口语技巧娴熟。

首先，要摸准对方的心理，"你一张口我就知道你要问什么","未闻全言而尽知其意",这对说话人的要求会更高。

其次,要能转换得自然而恰当,比如从"喜欢"(人)而引论到"喜欢"(书),能瞒过在场的其他听话人。

最后,转换话题往往需要几个回合才奏效,因为仅靠一两话,对方可能还希望继续原本的话题,或者不能领悟到答话者的真正意思。这就要求我们坚持开启新话题,才能不露出破绽,达到拒绝的目的。所以说难度人,技巧性强,但如果运用得当,效果也会很好。

"抬高"他人，让拒绝更易被人接受

相信每个人都明白，没有人是希望被拒绝的，通常情况下，一个人被拒绝之后，心里会产生落差，他会觉得自己的言语或行为遭受了否定，甚至会有一种被遗弃的感觉。在这时，他急需一种愉悦的情绪进行弥补，填补内心的落差，如果你在拒绝对方之时，加上几句对其赞美的话语，那将是非常完美的，很明显，这是对三明治定律的灵活运用。

早上，工作了一个通宵的陈女士还没起床，就被一阵敲门声吵醒了。她很不耐烦地起来，胡乱穿了一件睡衣就开了门，只见门外站着一个十七八岁的女孩子，正犹豫着要不要继续敲门。陈女士上下打量了对方一番，发现这个女孩子穿着随意的T恤、牛仔裤，手提一个袋子，袋子上印有"××化妆品"的字样，看这架势，应该是上门推销的。

陈女士有些不耐烦："大清早的，怎么就上门推销东西了？"那女孩子态度很谦和："不好意思，姐姐，打扰你了，我是××公司……""姐姐？"陈女士看着邋遢的自己，觉得对方好像还把自己看年轻了,那女孩子谦逊的态度,让陈女士不好拒绝,但是她平时最讨厌这种上门推销的业务员。她一边听那女孩子说产品,一边开始考虑到底怎么拒绝。

不一会儿,那女孩子就介绍完了产品,然后试探性地问:"姐姐,你平时用化妆品吗?"果然,马上就转到正题了,陈女士摇摇头说:"我白天晚上这样忙,哪里有时间去护肤呢,不过,说实在的,我很羡慕像你这样年纪的女孩子,皮肤好、身材好,那可是我做梦都想回去的年纪,可惜已经回不去了。"女孩子害羞地红了脸,说道:"其实,姐姐看起来也很年轻的。"陈女士笑了笑,说道:"像你这样的女孩子就是好,我的女儿也就你这般年纪,现在正在上大学,青春真是无限好,如果我女儿在家就好了,估计她会对你的化妆品感兴趣,可是怎么办呢,现在我的女儿不在家,像我这样的老太婆,已经用不着了,下次我女儿回来了,一定欢迎你上门推销,好吗?"没想到这样一说,那女孩子一点也不泄气,反而很有礼貌地说:"不好意思,姐姐,打扰你了,再见!"说完,就告辞了。

在案例中,陈女士想拒绝上门推销化妆品的女孩子,但看着对方谦和的态度,又不忍心拒绝,怎样拒绝才不至于让对方太难以接受呢?她打量了那个女孩子以后,发现对方跟自己女儿差不多年纪，于是，她先是赞赏了对方值得羡慕的年纪，这样"抬高"立即给对方带来了好心情，然后适时拒绝，这样的方式就会令对方很容易接受了。

"抬高"，其实就是赞美，或者说夸赞，将别人的地位无形之中抬高，让他产生一种优越的感觉。而正是"抬高"所导致对方产生的优越感，会有效地弥补其遭受拒绝之后的落差心理。人总是这样，当他重新拾回了一个苹果，即使他已经丢失了一个橘子，他内心还是会非常愉悦。

在生活中，有时我们都知道拒绝是正确的行为，但同时可能你也害怕拒绝别人，也害怕被人拒绝，无论是哪一方，都将遭受消极情绪的折磨。在这样的情况下，为什么不能将拒绝变换一种方式呢？就好像一个平平无奇的三明治，中间突然多了许多美味的蔬菜，那该是多么大的惊喜。所以，在拒绝对方的时候，我们要善于用抬高的方式来拒绝别人。

当然，使用这一心理策略拒绝他人时，我们还需要掌握一些操作细节。

1.抬高对方的能力来表示自己能力欠缺

例如，当你的领导向你的同事下达了某件任务，但是同事却希望你能为他代劳此事，你可以这样抬高对方表示拒绝："我对这一块内容很不熟悉，也没做过类似的工作，王总正是因为认为你能胜任它，才把这个任务交给你的！"

2.赞赏对方的好意再拒绝

比如，当朋友邀请你去某个地方游玩，或者馈赠给你某礼物，你却因为某种原因无法赴约或者接受礼物时，你要称赞和感谢对方的热情友好，表示非常高兴接受这份心意。例如："你对我非常关心。你这番心意我领了！""谢谢你的好意！"这样一来，对方即使被回绝，仍会觉得你是个通情达理的人，因为你理解了他的用意。

3.赞赏对方的品质再说"不"

比如，如果你要拒绝异性的求爱，你可以说："在认识你以前，我就听说你是个很好的人，而且，你在学校的时候，就是很多女生心中的偶像；在工作单位中，你也是……但是对不起，让你失望了！"这些话绝不是可有可无的。没有它，将使你显得高傲和不近人情，因此，为不能满足对方的愿望而致歉是非常必要的。

妙用目光转移法，让对方知趣

我们有时会遇到一些难以回答的问题，也有时会不得不拒绝别人。这种场合若处理不得体，很容易损害我们与他人的关系。此时，我们不妨学习三明治定律，寻找更委婉的方法。我们可以运用非语言的拒绝技巧，比如目光转移法。

人类是一种视觉动物，眼睛是人获取信息的重要来源，同时也是传达信息的重要途径，除了语言、表情、动作外，从人的视线中也能获得很多非常重要的信息，可以从中分析对方的心理。而在眼部动作中，目光突然变得斜向一方，表明藐视、拒绝。

因此，我们在与人交谈的过程中，如果你想拒绝对方或想结束谈话，不妨把眼睛望向别处，当侃侃而谈的对方看到你的冷漠反应后，自然就会"知趣"，选择终止谈话。

我们不妨看看下面的故事：

娜娜最近通过相亲认识了一位男士，娜娜对他的印象还不错，于是就互留了联系方式，刚开始，两人相处得还不错，但很快，娜娜就发觉两人性格不合，打算找一些借口断绝和对方的往来。

"下周末我们还去郊外钓鱼怎么样？"临分别的时候，那个男士又邀请娜娜。

"下周我们一直都要上班，周末也是。"

"那就要等再下一周了。"

"那就再说吧，最近总是在周末出去玩，我周一上班都没什么精神，我要回去休息了。"说着，娜娜眼睛望向了远方，对方马上意识到了娜娜的意思，从那天起就几乎不和娜娜联系了。

这里，娜娜拒绝此男人邀请的方式就是用眼神转移法巧妙地暗示对方自己对他已经不感兴趣了，那么，对方就明白了她的言外之意。

其实，如果细心观察，你会发现，在商业谈判中，彼此对立的双方也会使用这种眼神。假如我们是交易的一方，而对方此时视线突然转向远方，这就表明对方对你的谈话不关心或正在考虑别的事情。那么，很有可能他正在心里盘算你的话，盘算怎样才能使自己获得最大利益。如果他的视线转移后变得凝视于一点，那么，假设你是买方，有可能他为你提供的产品是次品；而假设对方是买方，他很有可能无法支付货款，你最好不要将大量产品一次性出售给他。总之，遇到这样的情况，你就该问"你有什么烦恼的事情"，以从对方口中探知原因。如果对方慌张地说："不！没有什么事……"这时，你应当斩钉截铁地与他中断洽谈，可以对他说："以后再谈吧。"

还有一种情况，如果和你交谈的是你的恋人，比如对方是你的女友，她在与你谈话时总是将视线转到远处，这表明她在思考别的事，或许是对你们的未来没有信心，或许是她心里已有他人，对你说不出口。出现这种情况，你不妨用试探的口气问她："有什么麻烦吗？告诉我，我们共同解决。"

现实生活中，没有哪个人能做到有求必应，一个人找人帮忙，虽说抱着成功的希望，但也会有失败的心理准备，因为他知道对方可能也有难处。所以，当别人找你帮忙时，如果你能力不济或当前有困难，而又不方便讲明，你可以通过这一暗示让对方知难而退，不必把拒绝说出口。

拒绝小人，可用时间拖延法

现实生活中的人们，在你工作和生活的周围，是不是有这样一些人——他们不仅懂得隐藏自己，而且善于使手段、耍心眼？这样的人就是小人。你有没有曾被他们暗算过？这些小人有没有请求你为他们办事？此时你该怎么办？

对于小人的请求，你不可采取激烈的直接拒绝法，虽然，我们内心对小人深恶痛绝，恨不得与之划清界限，远远避开。但是，对于那些死缠烂打的小人而言，一味地躲避并不是明智之举，与其发生激烈的争执，那更是下下之策。本来，小人的心胸就比较狭窄，他们的心思更是猜不透，如果你直接拒绝，或者以不屑的态度拒绝其要求，估计就在那一刻，他已经将你划分为敌人，并将你列为自己的报复对象。

不得不说，那些小人是很会耍手段的，因而他们有向上发展的机会，而且有可能会成为高级领导身边的红人，纵观历史，诸如魏忠贤一类的小人，都曾有过名利双收的时刻。试想，如果你曾拒绝过的小人，有朝一日爬到了你的头上，那你将会成为第一个被他打击的对象。所以，对于那些死缠烂打的小人，你不能直接拒绝，更不能与之产生矛盾，而是要从三明治定律中获得启示，另外寻求拒绝方式，比如，我们可以用拖延来进行拒绝。拒绝小人，最智慧的方式也就是用时间拖延。

  陈萍是一名部门主管，当初公司把她调到这个部门的时候，她就不太乐意，因为她早有耳闻，这个部门有不少下属不好应付，其中就包括秘书小林。前任主管就是被这几个人使阴招赶走的。但既然公司已经下达了指令，陈慧只好硬着头皮上了，她也有志于改善部门状况。

  她上任的第一天，秘书小林就对她说："主管，我之前没有做过这类的报表，你帮我做一下吧。"

  听到这话，陈萍觉得很诧异，做报表在公司一直都是秘书的本职工作，小林的请求实在是太过分了，她很生气，但一想到，要是直接拒绝，很可能自己也会和前任主管有同样的命运。因此，想了想之后，她对小林说："不好意思啊，今天我刚来，事情太多了，等忙完这周的活，你再把数据表拿来。"

  一听到陈萍这么说，小林心想，这份报表周五前必须要交到公司财务部，哪里还等得到下周？于是，她只好自己去处理了。

  这招果然奏效，后来，陈萍用同样的方法摆平了很多心怀不轨的下属的请求。

案例中的主管陈萍的这招拒绝方法很值得我们学习，尤其是在应对那些小人的时候。对于他们的请求，不能直接拒绝，而应该采取时间拖延法与之周旋。

一般而言，小人都是独来独往，是不合群的，因为他们的所作所为使得他们在人际交往中处处碰壁。没有谁会去认同他们，更没有人愿意与他们交朋友，他们甚至成了"过街的老鼠，人人喊打"。他们自然明白自己的处境，于是他们对谁都充满着恨意。在这样的情况下，我们更应该小心翼翼，与之"打打太极"，以时间为借口，诸如"下次，下次我一定会好好考虑的"，"最近时间有点忙，下次吧"，这样慢慢拖延，实际上也是在尽量缓和与小人之间的关系。

有句话叫作"宁可得罪君子，不愿得罪小人"，因为小人的言行举止是不受道德规范约束的，他们做什么事情都是不讲游戏规则的。即便是君子也不愿意与小人斗，更别说我们了。习惯于死缠烂打的小人从来不讲信用、不重承诺，从来不按游戏规则出牌，他们往往为了达到目标而不惜一切手段。

所以，生活中的人们，在与小人相处的时候，你千万不能掉以轻心，哪怕对方提出的要求不合理，你也不要直言拒绝，而是要表现出自己对对方的"尊重"，尽量以时间拖延，让小人慢慢接受被拒绝的现实，这样对他而言，会相对来说轻松很多，而且，他也不会对拒绝自己的一方产生怨恨。

第五章

三明治定律与销售策略：散发你的真情，打开客户柔软的心

很多从事销售行业的人可能都有这样的体会：在销售过程中，尽管我们鼓足勇气向客户推销，然而客户似乎总是有先入为主的心理取向，会对产品和服务产生一些敌意或者对抗的情绪。其实，对于这种情况，我们更应该认识到三明治定律的存在，决不可单刀直入地推销，而应该了解客户的心理，并懂得如何拉近与客户的心理距离，这样才能化解客户的敌意，并成功推销。

巧用赞美之词，为销售铺路

无数销售经验告诉我们，在销售过程中，直截了当地提出自己的销售要求，客户是不会答应的，因为人都有戒备心，而如果我们能借鉴三明治定律，先做一番语言铺垫，让客户从心底接纳我们，那么，销售成交更容易水到渠成。

如何运用语言铺垫呢？这是我们需要学习的艺术。心理学家认为，人都是有虚荣心的，都是爱听赞美之言的动物，没有人不喜欢被人肯定和认可。当听到别人的赞美和奉承之后，一般人都会心花怒放，尤其是一些虚荣心比较强的人，更是会高兴得不亦乐乎，在这种情况下，满足对方的虚荣心就能征服和俘获对方的心。既然客户有这个心理需求，那么作为销售员一定要会说、爱说。作为销售员，在赞美客户的时候，一定要时刻不忘我们的最终目的——销售产品。偏离这一中心的赞美是毫无意义的。

赞美是一件好事，但从来都不是一件易事，将赞美的话说好需要的是口才和能力，有的人说赞美之言可以获得客户，而有的人拍马屁却丢掉了客户，白白浪费了美言。

迈克是一家保险公司的销售员,几经周折,他才获得和当地一位大人物史密斯先生会面的半小时时间。

一见到史密斯先生,迈克就非常激动地说:"史密斯先生,我从小就听过您的大名,从心底万分崇拜您。我想,如果我今天能亲耳听到您的那些传奇故事的话,我会感到非常荣幸。"

"年轻人,你今天来不是就为这个的吧?"

"史密斯先生,您可不知道,有多少人做梦都盼着见您一面呢!"迈克越说越起劲,又说出很多赞美之词,史密斯先生也被他的赞美冲昏了头脑,开始向他讲述自己的创业史。结果,半小时的时间很快就过去了,迈克满脑袋都是故事,忘记了此行的目的。

这一案例中,迈克的赞美之言的确起到了打动客户的作用,他和客户可谓聊得很投机,但迈克却忘了自己的目的。那么,他的赞美之言说得再动听,也是没有意义的。如果他能在客户对其产生好感时,适时地插入销售事宜,是很容易达成销售目的的。可见,赞美客户,不掌握一定的技巧,不懂得恰逢时机地赞美,反而会使好事变为坏事。

那么,在具体的销售过程中,我们该如何利用赞美为销售铺路,达到我们的最终目的呢?

1.先对客户进行透彻的了解

这天,保健器材推销员小唐敲开了事先预约好的某住户的门,开门的是位先生,看到小唐,这位先生很客气地说:"请进。"

进入客户的家后,小唐准备与客户寒暄一番,于是,他说:"刘先生,您家里这么多字画都是您自己的笔墨?"

本是句赞扬的话,但客户听完以后,却脸色大变,对小唐说:"对不起,我姓陆,不姓刘,一个销售员,连客户的姓名都记不清楚,还谈什么销售?"这句话说得小唐丈二和尚摸不着头脑,明明姓刘,怎么姓陆了?难道真是记错了?

于是,小唐只好离开,回到公司后,他打开了前段时间在做客户调查时留下的资料,发现客户真是姓陆,怪不得客户会生气。

自从这件事后,小唐吸取了教训,开始养成了整理和分类客户资料的习惯,以免再发生这种记错客户名字的事情。

案例中,保健器材销售员小唐本想在与客户沟通的过程中对客户赞美一番,谁知道因为准备工作做得不充分,没有对客户的资料进行整理和分类,而造成了叫错客户姓名的失误。这对于客户来说,无疑是一种不尊重,他被客户拒绝也就理所当然。

古人有云：凡事预则立，不预则废。因此，任何美言都必须建立在有事实依据的基础上，否则只会让人生厌。

2.交谈之初可不谈销售

采取"初次交谈，不谈销售而只是赞美客户"的方式，可以打消客户的戒备心理，从而避免自己的销售行为被扼杀在摇篮中，而且也能了解更多的客户信息。这是符合心理学中的首因效应的，能为下次的良性互动和推销的顺利进行创造条件。

3.赞美要有度

当我们恭维客户的时候，要有个度，不能恭维起来就没完没了。否则，不仅会让客户产生厌恶的情绪，还会让我们的销售工作无法开展。要让自己的恭维和赞美发挥最大的效力，就要珍惜自己的赞美。当然并不是说不要去恭维别人，而是不该恭维的时候，绝对不浪费口舌，该恭维的时候，千万不要吝啬。这样，才能为我们下一步的销售工作做好铺垫。

4.时机成熟时，插入销售话题

对此，我们要善于观察，比如，当我们发现客户因为我们的赞美之言而露出欣喜的表情或者开始出现不断抚摸产品等动作时，这说明我们的赞美起到作用了，此时，我们就可以插入销售话题，向其推销了。

5.将赞美运用于销售中

很多时候,赞美是需要你在销售中临时把握的,再完美的计划也赶不上变化,销售员在赞美客户时,应该见机行事,时机不同,赞美也要跟着改变。比如你的客户准备谈一笔生意,开始时你可以称赞他有魄力,中间你可以赞美他毅力十足,能持之以恒,当他谈成生意后,你应该肯定他的成功。时机不同,赞美也不同,才能做到得体。

6.销售结尾时不忘赞美

比如,销售人员可以在结束电话时这样说:"和您说话我感觉非常快乐,您真是一位幽默开朗的人,希望您每天都能保持好心情!""真的很感谢您打电话问我这些,您给了我一次认识您的好机会……"

总之,赞美带有目的性,销售中的赞美是要以成功推销产品为目的的,背离这一本质目的,我们的赞美就会毫无意义!

三明治定律

经营好第一印象，获得客户的心

现代社会，随着商品的多样化和人们需求的提升，销售已经成为一个热门行业，如何提升自己的推销能力，是很多销售员关心的话题。而三明治定律告诉我们，我们推销产品，不可单刀直入，应该先与客户建立良好的关系，此时，第一印象尤为重要。

心理学家研究表明：在人际交往过程中，第一印象非常重要，与一个人初次会面，45秒内就能产生第一印象。这一最先的印象会在对方的头脑中占据主导地位。的确，在生活中，我们每个人都会不知不觉中对"第一"有特殊的感情，并会对"第一"情有独钟，比如，你会记住第一任老师、第一天上班、第一个恋人等，但对第二就没什么深刻的印象。而这就是心理学上常说的"首因效应"的表现。同样，"首因效应"也适用于销售中，给客户留下良好的第一印象，获得客户的心，才能让客户接受我们和我们的产品。

小王大学的专业是市场营销，毕业后，他找到了与专业对口的工作——某电器公司的市场专员。

小王是个我行我素的人,在大学时代他就喜欢按照自己的想法做事,在穿衣打扮上也是如此,上班后,别人都是一身西装,而他却经常一件T恤衫就去上班,甚至总喜欢一件衣服穿到底。他到朋友家玩,朋友给他提出了十分中肯的意见:"你长得挺帅的,为什么不找件干净衣服穿上呢?别人看着也舒服。"

这个年轻人不以为然,开玩笑地说:"我才不在乎谁说我呢。我的朋友不会在乎,在乎这些的不是我的朋友!你可别指望我打扮给你看!"

朋友接着问:"那你去推销产品,面对陌生的客户,也这么穿?"

"当然,客户如果需要产品,自然会买;如果不需要,我打扮得再好,也不会买呀,他看上的又不是我!"小王很坚决地回答。但有一次,发生了这样一件事,对小王的打击很大。

这天,小王还是像往常一样,来到某小区,敲开了一扇门,开门的是个阿姨,当小王道明自己的来意之后,对方就表明自己不需要。这个结果是小王预料中的,倒也无所谓,但此时的他已经走累了,就准备在门口休息下,这时,主人已经关上门了。

这时,小王听到屋内传来拖鞋下楼的声音,然后有个女孩问:"妈,刚那个来我们家的邋遢鬼是谁啊?"

"搞推销的,估计是骗子。"

听到这段对话,小王感到脸上火辣辣的,自尊心受到了严重伤害。回到家后,他第一次有意识地照了镜子,第一次认真地看到了镜子中那个邋遢的自己。

于是,他开始改变自己,开始和同事们一样穿西装、打领带,每天出门前照一下镜子,看看自己的形象是否干净、利落、专业,从那以后,小王变得精神多了,生意也好多了。

现实生活中,可能有很多和小王一样的年轻销售员,在个人着装上,喜欢我行我素。然而,从事销售这一行业,要想给客户留下良好的第一印象,就要注意自己的形象,因为客户对你的印象好坏,直接决定了你们之间是否有可能做成生意,只有被人认可的形象才能令人产生较多的好感和信任感。

根据首因效应,销售员需要做到以下两点。

1.形象得体

人们往往通过着装等外在形象来判断一个人是否成熟可靠。在开发客户的过程中,如果你的形象不能给人信赖感和责任感,即使你的产品再好,对方也会犹豫不决。而服饰反映了一个人文化素质的高低和审美情趣的雅俗。穿着得体,修饰自然,就会令人舒适、赏心悦目。外表的端庄,是对别人的尊重，也是爱护自己、增强自信的表现。没有谁愿意看你蓬头垢面、衣冠不整的样子，你也没有必要让别人因此而误会你的专业能力。

想留给客户一个好印象，就要在形象上特别注意，力求保持得体的着装、良好的礼仪。清洁卫生是仪容美的关键，是着装的基本要求。不管你长相多好，服饰多华贵，如果满脸污垢，浑身异味，周围的人也会对你退避三舍。

另外，你最好还懂得一些服饰的搭配。比如，男性应该穿西服打领带，要注意外衣、衬衫和领带颜色的调和，手表、手绢、钱包、公文包、领带别针以至所用的笔和打火机及眼镜都起着重要的装饰作用。

对于女性，化妆是必要的，但要注意涂口红、描眉、扑粉不可过于浓艳，香水的喷洒要适度。

当然具体怎么做，你还要事先对客户做足了解，初步认识到他的大致性格、爱好等，如此你才能投其所好，选择更为适合的着装和谈话方式。

2.展现你的热情

客户总是喜欢和热情、开朗的销售员谈生意，因为客户总是会把热情和人的其他一些品质联系在一起，比如，真诚、善良等，而重要的是，他们认为拥有热忱态度的销售员总是能带给他们快乐的感受和周到的服务。而同时，热忱的态度是一个优秀的销售员不可或缺的素质，可以这么说，如果没有热忱的态度，销售成功的概率也就十分渺茫了。热忱，指一种精神状态，一种对工作、对事业、对顾客的炽热感情。

可见，在与客户交流时，如果你语言死板、不苟言笑，客户是不会买你账的。也就是说，你没有热情，他们也会失去热情。因此，你要调节好自己的情绪。你要尽可能地增加你面部表情的丰富性，如果你希望靠热情来影响对方，你的面部表情就一定要丰富起来，要微笑。

与客户交朋友，留给客户良好的第一印象很重要，第一印象往往就是你的最终形象。当你第一次与客户见面时，客户的第一感觉就会告诉他：你是否值得他相信，他是否喜欢你，他会不会与你进一步合作。

谈谈自己的经历，拉近彼此距离

作为推销员，我们都知道，在向客户推销的过程中，客户对推销是心存怀疑的，他们认为推销员多半是为了推销而推销，他们甚至吃过推销员的亏。因此，此时如果我们一味地向客户推销，有时不但不能打动客户，反而会加重客户的疑心，而如果我们能从三明治定律中获得启示，先不着急推销，而先与客户建立感情，那么，客户是愿意接受我们的。

一般来说，成功的推销员都具有非凡的亲和力，他们非常容易博取客户对他们的信赖，他们非常容易让客户喜欢他们、接受他们。换言之，他们会很容易跟客户成为最好的朋友。许多销售的达成都建立在友谊的基础上，我们喜欢向我们喜欢、接受、信赖的人购买东西，我们喜欢向和我们具有友谊基础的人购买东西，因为那会让我们觉得放心。所以一个销售员是不是能够很快地同客户建立起很好的友情基础，与他的业绩具有绝对的关系。心理学家提出建议，多谈自己的经历，是拉近人际关系、建立友谊的绝佳方法之一。我们也可以将其运用到推销活动中。

推销大师乔·吉拉德有这样一次推销经历:

有一天,乔·吉拉德的车行里来了一对夫妇。

"你们好,选中自己喜欢的车了吗?"对方在车行看了一会儿后,乔很热情而礼貌地上前询问道。

"你这里的车不错,不过我们还得考虑考虑。"

其实,当客户说出这句话的时候,乔已经判断出了客户的心理,于是,乔准备再试探一下。

"你们知道吗?我跟我太太也和你们两位一样。"

"一样?是吗?应该不会吧?"他们说。很明显,他们产生了兴趣。

乔·吉拉德说:"我们家每次在准备添置某些大件之前,我都要和太太谋划半天,常常是思虑再三,生怕买了不好的产品,花了冤枉钱,怕自己对产品了解得不够而上了推销员的当。也正因为我知道消费者在购买产品时有这一担心,我在做销售时,才从不让我的客户感受到任何强迫,我要给客户充分考虑的时间。说实话,如果不这样的话,我宁可不和你们做生意。当然,请别误会,我真的很想同你们合作,但对我来说,更重要的是,你们在离开时能够有一种好心情。"

"先生,很高兴您能这么想,谁说不是呢?谁都希望买到放心的产品。不错,我们从不向那种企图强求的推销员购买任何东西。"那对夫妇说。

乔·吉拉德接着说:"讲得对,我很高兴听你们这样讲,我请求两位花点时间,好好想一想。要是需要我的话,请叫我一声,我随时恭候。"然后,乔·吉拉德就回到他自己的办公室,静静地等待。

当然,乔·吉拉德知道"想一想"的时间对他们来说不会仅仅是几分钟,而可能是好几天,而自己却不能放走这么好的机会。于是10多分钟后,乔·吉拉德回来,若无其事地对他们说:"我有一些好消息要告诉两位,我刚刚得知我们的服务部最迟今天下午就能把你们的车预备好。"

"我们想明天再来。"

"明天?"乔·吉拉德笑了笑,"今天能做的事最好不要拖到明天,如果你们确实拿不定主意的话,可以多方面考虑考虑,我看两位都是利索的人,很快就会下决定的,对不对?"

其实,如果是真心购买的客户,今天买和明天买的确没什么区别,所以,当乔·吉拉德利用"今日事,今日毕"的说辞营销时,销售成功也就是顺理成章的了。

他们夫妇二人也的确是当即拍了板:"好吧,我们现在就买了。"

推脱是人的普遍特征,推销员在工作过程中会经常碰到这样的情况，如果缺乏技巧，那推销成功的机会就变得非常渺茫，而如果能像吉拉德这样巧妙地引导，就会有所斩获。

可见，在销售中引入情感的因素，几乎能帮助你在任何问题上获胜。通过这种方法，能让客户喜欢和接纳、依赖你，而一旦客户对你产生依赖性，那么，接受你的产品自然也就不在话下了。一个被我们所接受、喜欢或依赖的人，通常对我们的影响力和说服力也较大。亲和力的建立是人与人之间影响及说服能力发挥的最根本条件，亲和力之于人际关系的建立和影响力的发挥，就如盖大楼之前须先打好地基一样重要。所以，学习如何以有效的方式和他人建立良好的关系，是一个优秀的销售人员不可或缺的能力。

那么，作为推销员，我们在推销的过程中，可以谈及自己哪些方面的经历呢？

1. 和客户谈谈自己曾经被骗的经历

通常来说，我们在购买某些产品时，或多或少都因为粗心大意被一些巧舌如簧的推销员欺骗过，而这些经历，我们的客户肯定也有过，我们如果能将这些经历拿出来和客户分享，那么，不仅能和客户找到共同话题，还能引起客户的共鸣。而同时，也会赢得客户的信任。

2. 与客户聊聊自己在销售过程中的"光荣事迹"

如果你告诉你的客户，你曾经帮助其他客户解决了某些难题，或者做了某些好人好事等，那么，势必会让你的客户对你刮目相看，对你的信任度也会大大增加，但前提是，你所说的每一个"事迹"都必须是真实的。

当然，推销员可以与客户分享的经历并不只有以上两种，凡是能打动客户的经历，都可以拿来为我们所用！

三明治定律

投石问路，先谈一些客户感兴趣的话题

前面我们已经提及，在销售工作中，聪明的销售人员往往懂得运用三明治定律，他们绝不单刀直入地推销，而是懂得通过找到客户感兴趣的话题来破冰。的确，任何一位销售员，都免不了要与客户沟通，只有先找到令双方感兴趣的话题，才能打消客户的戒备心，有机会慢慢地寻找购买点，切入主题，这是与客户交往的一个正常的过程。如果在与客户接触时，你一言不发，或者直奔主题，都是极其无礼而冒失的。如果在拜访客户的过程中安排聊天的部分，可能会促使宾主两相欢，进而缩短双方的心理距离。

小蔡是某公司销售部门的主管，是个已经有十几年营销经验的销售精英，在整个部门的人看来，无论什么客户，只要是小蔡出手，都能搞定，所以，很多销售新手一旦遇到了什么难题，都来寻求主管的帮助。

一次，在新人培训的过程中，他亲自带着一位刚来的业务代表去拜访一家大公司的采购主任宋先生。

双方见面后，业务代表与采购主任宋先生之间的交易似乎并不顺利，谈话也不是很畅快。经验丰富的小蔡看出"问题"出在双方的交谈缺少某些"润滑剂"。于是，他灵机一动，突然想起在来的路上，业务代表曾经对他说宋先生有一对双胞胎女儿，今年刚刚上小学，宋先生特别疼爱她们。于是，小蔡就趁机与他聊起了女儿。

"听说宋先生有两个非常可爱的女儿，是吗？"

"是的。"宋先生脸上顿时流露出一丝微笑。

"听说还是双胞胎？今年几岁了？"

"7岁了，这不已经上学了。我下班还要去接她们呢。"

"听说她们的舞蹈跳得特别棒。"

"是呀，前几天还代表学校参加全市的演出了呢。"

提起了女儿，宋先生的话就多了，聊了一会女儿，宋先生主动把话题引到了这次见面的业务上。

"其实，你们公司的产品……"

我们发现，案例中的销售经理小蔡是个很善于与客户沟通的人。当他发现客户与业务代表之间的交谈不顺利时，他便立即找出了能引导客户多说话的话题——客户的双胞胎女儿，进而慢慢消除了客户的心理障碍，如果在业务代表与宋先生交谈得不顺利的情况下，业务代表或者小蔡依然坚持谈业务本身，那么，过不了几分钟宋先生肯定就会下"逐客令"了。但是，小蔡抓住时机，巧妙地引入宋先生感兴趣的话题与其聊天，这样便很轻易地打破了谈话的僵局。

那么，在现实生活中的哪些话题可能会让客户感兴趣呢？

1. 天气

天气是最好的聊天话题，中国人见面时也喜欢谈论天气。另外，以天气为话题与客户寒暄，因为不涉及利益关系，对方一般都愿意接茬。当然，除了把天气当话题外，还可以当作关心对方的切入点。

但是，对于与天气有密切关系的行业的客户，谈论天气时一定要有所注意。比如，如果你与一位雨衣或者雨伞销售商寒暄时说："最近一点雨都没下，秋高气爽，天气简直太好了。"对方一定不会给你好脸色看。

2. 新闻

最近的新闻也是你与客户聊天时的好话题。新闻可以引起客户的好奇或共鸣，作为一名销售员，一定要多看新闻，因为新闻中有丰富的话题可以参考。

推销员的工作是和人打交道，而不是与电脑或其他什么机器打交道。聪明的推销员会审时度势，从对方意想不到的角度切入，从而引起客户对产品的兴趣。

3.兴趣

人们通常都愿意聊自己的兴趣，因此，兴趣也是你与客户聊天时的一个好话题，与客户聊起兴趣时，必须与客户同一步调，也就是说不要批评客户的爱好。例如，不能说："哎呀，我觉得钓鱼不好，只有那些糟老头子才喜欢钓鱼。"而应该说："钓鱼不错，可以修身养性、陶冶情操，还能在大自然中呼吸新鲜空气，对身心都很好啊。"

当然，能带动谈话气氛的话题还有很多，需要我们事先了解客户，并在交谈中细心观察，学会与客户谈话，在客户意犹未尽的情况下，往往能顺利进入推销阶段。

很多情况下，商业上的成功之道不是刻意推销，而是打动人心。学会与客户聊聊他感兴趣的话题，赢得客户的好感，就为推销产品铺平了道路。

真诚是第一撒手锏，能真正打动客户的心

三明治定律告诉我们，在销售的过程中，避免单刀直入地推销，了解客户的购买心理，从而站在客户的角度介绍产品，这是成功销售的重要一环。有人说，销售是一场斗智斗勇的活动，自始至终，销售员都在与客户都在打心理战，客户们都希望为自己推荐产品的销售人员是个有责任心的人，作为销售人员，如果能抓住客户的这一心理，把话说到客户心坎里，就能让客户燃起购买的欲望。

小张是一名电器销售人员，因为懂得客户购买心理，他的销售成绩一直很不错。

一天，一对老年夫妇来到专柜，他们在一台挂式空调前停了下来，这时，小张走过来，对他们说："叔叔阿姨，你们家人多吗？"

老两口数了一下，家里人还真不少。

小张说："我看人多的话倒是可以买个立式的，我们现在正在做活动，现在买一台立式的，价格在六千元以上的话，就

免费送两台挂式的,就当给孩子们买台空调!"老两口一算,挺划算的,没多说什么就买了。

案例中,小张之所以能成功卖出空调,就是因为他把握住了客户的购买心理,从客户的角度介绍自己的产品,让客户能切身体会到他是个负责任的销售人员。

那么,我们该怎样向客户表露真诚,站在客户的角度推销呢?对此,我们可以掌握以下几点心理策略。

1.转换角度,多从客户的角度说话

人与人之间的情感要达到一种共鸣,就必须要做到倾听,然后认同,唯有认同,才能拉近人与人之间的距离,在处理客户异议时也是一样。

在处理客户异议时,销售人员若能从对方的立场出发,认同客户的感受,就会从双方共同的利益出发,客观地审视双方面临的问题,然后和客户协商,达成交易。认同客户的异议,是成功解决异议的开始。

2.多提产品优点,让客户看到利益和实惠

这种方法的好处就是通过强调推销品带给客户的利益和实惠,来化解对方在价格上提出的不同意见。

比如,在推销生产用品时,销售人员应重点说明自己的产品在节约原材料、降低能耗、提高劳动生产率、延长使用寿命、降低维修费用等方面的优势，以求消除客户在价格上的顾虑。因为上述这些方面是工业企业谋求生存与发展的重要因素，所以工业客户购买产品时最关心这些方面。而商业客户采购货物时，注重的是产品是否畅销、销售利润高低等，因此对产品的要求是"优、多、新"，即质量优、功能多、品种新。只有这样的产品才能畅销，才能使客户获得更多的销售利润。

3.分析产品的优势所在

比如，这段对话中，推销员就很好地展现了自己产品的优势：

"我们一直都在报纸上刊登广告，我们还是比较满意目前的这家报纸的，不瞒你说，你们这个版面收费太高。"

"张经理，您是知道的，我们这个版面费是标准版面费，同行业都是这个标准，而且我们报纸的发行量也是非常大的。您在其他小报上做几个广告，这些小报合起来的发行量还不如我们一家报社，费用却高多了，您说是吧？"

4.真正为客户考虑，关心客户的利益

我们想让客户满意，进而让其购买，就不要为了推销而推销，而要真正关心客户的利益，并从这一点出发，充分挖掘客户的购买需求甚至是隐藏的需求，并努力降低顾客需求中的成本耗费，从而最终使产品符合并超越顾客期望。

为此，我们就必须从顾客的角度来推销，并要注意一些细节，要尽量在每一个细节上做到让客户满意，如果营销人员的服务超出了顾客的预期，就会打动顾客的心，使顾客的满意度提升为对产品和服务的忠诚度。比如，我们可以这样告诉客户："我觉得这款贵的反倒不适合您，您没必要花那么多钱买它。"而当客户体谅到你的用心后，也会更加信任你，并把周围的朋友介绍给你。

客户都希望购买放心的产品，都希望购买产品的售后有保障，更欣赏那些有责任心的销售人员，只要我们站在客户的角度、为客户的利益考虑，客户是会信任我们的。

第六章

三明治定律与职场人际：为他人提供好情绪，能让你在职场左右逢源现代社会，任何一个人，一踏进职场，就要和周围的同事、上下级打交道。那些善于处理职场人际关系的人，总是能得到同事的支持。然而，有不少人为此感到苦恼，他们不知道怎么和同事打交道，总是被一些潜在的职场规则弄得精疲力尽。而如果你能懂得三明治定律的存在，凡事寻找更委婉和温和的处理方式，做一个面面俱到、圆滑老练的同事，那么，你自然能获得众人的接纳和支持，从而顺利开展工作！

同事间赞美的艺术

走入职场,我们的周围充斥着烦琐的文件和事务,我们面临着越来越大的压力,我们开始对我们原本热爱的工作失去了热情,我们的情绪会变得焦虑和抑郁,我们会变得烦躁,经常想些不愉快的事情,以往能完成的简单工作也会让我们觉得复杂和困难。而在这个时候,如果有人能站出来告诉我们:不要灰心,加油,你是最棒的!你是否感受到了新的能量?

可见,身处职场,我们都要学会称赞他人,这是三明治定律给我们的启示。称赞常被理解为恭维,但恭维仅仅是说好听的话,称赞则是与人为善的表现。渴望受人赞美是人的本性,简单的几句赞美有时能产生很大的效果,不但使人感到温馨与振奋,而且能够解决难题,甚至可以改变人的一生。称赞是一种做人的技巧,也是一种对他人友善和礼貌的表现。

心理学研究发现,人们的行为受动机的支配,而动机又是随着人们的心理需要而产生的。人们的心理需要一旦得到满足,便会成为其积极向上的原动力。

小杨是个爱美的姑娘，这天，她去剪了个头发，可是剪完以后，她很不满意，和自己想象的效果完全不一样，她几乎和理发师当场吵起来。当她极其不安地走进公司，同事们都齐声称赞她发型的清爽和简洁，在一片赞美声中，小杨的怨气一股脑儿全消了，心情变得大好，随后几天的工作都非常顺利。

从这个故事中，我们应当有所启发，身处职场，赞美别人，我们要心思细腻，有时候哪怕是赞美别人微不足道的一个优点，也会起到意想不到的效果。

因此，作为一名职场人士，你应该认识到，赞美他人，不仅能拉近同事间的距离，更能起到鼓舞对方的作用。

然而，我们不得不说，工作中，一些不善言谈的人在赞美他人时常犯一个错误，就是见了什么都说好，见了谁都说好。这样泛泛的赞扬会让人觉得赞扬者漫不经心，它不会让受赞扬的人感觉到真正的快乐。从细节上赞美他人会显得更真实，也会更有力、有效。

玲玲是一名打字员，她所在公司的经理是个阴晴不定的女人，在工作中也夸奖过下属，但却总是十分突然，让很多同事不明就里，玲玲也曾因为被她表扬而不知所措。

有一天，玲玲刚走进办公室，恰巧遇上经理，经理称赞她

"是一名优秀的职员"，她还以为自己的努力被经理看到了。但事实上，过了一会儿，经理就问一份错误的报告是谁打的，玲玲主动承认了自己的失误。而下班时，经理又赞扬她"你工作得很好"。这些都使玲玲感到很困惑。接下来的几天，玲玲都受到了经理这种莫名其妙的表扬。在几经折腾下，玲玲一纸辞呈，离开了公司。

在这个事例中，这位女经理深知赞扬对员工的作用，但她却不知道赞美的方式方法，让员工陷入了困惑。

一位著名企业家说过："促进人们自身能力发展到极限的最好办法，就是赞赏和鼓励……我喜欢的就是真诚、慷慨地赞美别人。"如果你真心诚意地想搞好与同事们的关系，就不要光想着自己的成就、功劳，别人是不会理会这些的；而是需要去发现别人的优点、长处、成绩。不是虚情假意地逢迎，而是真诚地、慷慨地去赞美。

当然，我们在赞美和鼓舞同事时，也不能没有原则地拍马屁，你需要注意以下几点。

1.发自内心、真诚赞美

任何赞美，只有建立在真诚的基础上，才会真实可信，否则会给人虚假和牵强的感觉。比如，如果你的女同事身材矮小肥胖，你却用"纤细瘦长"这个词来夸赞她，必会被对方认为是嘲笑、讥讽或者是不怀好意。

2.不能用千篇一律的语言赞美每一个同事

在赞美同事的时候要根据其性别、性格和职位高低等各个方面来使用赞美语言。

赞美和肯定同事，即使与工作无关，也能加深你们之间的关系。对此，你应该找出对方最值得赞赏的地方，如果这一点是被其他人忽视的地方，那么，对方必定受宠若惊，对你的细心感激不尽。比如她（他）的穿衣品位、爱好兴趣、工作态度、办事效率等，哪怕是不经意的一句话，都会起到意想不到的效果。

从明天起，如果你发现中午的工作餐中有一道好菜，不要忘记说这道菜做得不错，并且把这句话传给食堂师傅；如果你发现一位同事的项目搞得很利索，不要忘记赞美他雷厉风行的工作作风。虽然这些话语并不能令他们得到加薪或提拔的好运，但至少，你是诚心诚意地向他们奉上了一颗"开心果"。

总之，真诚而又有技巧地赞美同事，不仅会让同事增加对你的好感，而且也会给你自己的工作带来便利，使彼此的心情变得愉悦、轻松，合作起来也格外容易。

第六章 三明治定律与职场人际：为他人提供好情绪，能让你在职场左右逢源

对待同事，要一视同仁

当我们跨入职场的那一刻，就必须要和同事们一起为共同的目标、为企业的业绩而奋斗。因此，可以说，同事是我们在工作时间内彼此交往、接触最多的人。而三明治定律告诉我们，为他人提供好情绪，能让你在职场左右逢源。然而，如何和同事处理好关系却是很多职场人苦恼的问题。我们也发现，在我们工作的周围，有这样一些人，他们是办公室所有人喜欢的对象，因为他们八面玲珑，兼顾所有人的感受。他们有着高超的说话技巧和应酬能力，能让所有人都乐意帮助他们。这样的人，还怕得不到同事们的支持吗？

与这样的人恰恰相反，也有一些势利的人，在办公室中，他们对那些老同事、老板眼前的红人恭敬有加，却冷落那些新人、那些工作职务低的同事，他们满以为自己能因此在职场中捞到好处，却给人留下了势利眼的印象，这样的人，估计谁都不愿意与他们交往。我们先来看下面一个故事。

王玲玲是个精明的女孩，大学毕业后，她就瞄准了一家大

公司，然后努力准备，终于，她成功进入了这家公司。在上班之前，她对公司的所有人都做了一番了解，哪些人是公司里的红人，哪些人是办公室可有可无的人，哪些是能力强的人，等等，她都摸得一清二楚。

上班第一天，她就专门为大家买了小蛋糕作为早餐，但她只发给了她认为重要的人，虽然那些没分到的人没有说什么，但经过这件事，大家都对这个新来的小姑娘印象坏透了——"小小年纪，就这么势利！"

事实上，王玲玲的工作能力还是被领导认可的，但这家公司有个制度，新员工的转正必须要得到同事们半数以上的支持。王玲玲满以为自己能成功转正，谁知道，曾经没有收到她蛋糕的人都投了反对票，最后有个老同事告诉她："你当初那件事做得太难看了，你让那些没有收到蛋糕的人怎么想？"王玲玲这才如梦初醒，明白自己真的做错了。

故事中的王玲玲为什么在关键时刻没有获得同事们的支持？因为她在与同事相处的过程中表现得太过势利！从她的故事中，所有的职场人士，都应该吸取教训，任何一个深谙交际之道的人都明白，身处职场，对待任何同事，都应该一视同仁，不要让任何人受到冷落，只有做到让所有的人都心满意足，你才是真的将"工作"做足了。

身处职场，我们要认识到，每一个同事都可能对我们的职场命运产生决定性影响，因此，我们也应该对所有人一视同仁，而不应该厚此薄彼。

那具体来说，我们说话、做事，怎样才能做到面面俱到呢？

1.不要曲意逢迎比你位高的人

诚然，很多时候，当那些老同事、能力强的同事或者领导在场时，你应该尊敬他们，但不要献殷勤，因为这样会招来其他人的反感。

小王是一个业务部的主任，虽然已经是个"小官"，可是她一直想要高升，坐上业务部经理的位子。恰好上届业务部经理要调到公司总部去了，在为经理办的欢送会上，小王想把这件事敲定。于是，她"鞍前马后"为经理端茶倒水，高升的经理一时兴起，喝高了，然后吐了。这时，小王实在不愿意为他擦洗，就吩咐同事小李："快拿个毛巾来给经理擦擦。"没想到小李说："想当经理就要吃得起苦啊！"然后把身后的毛巾扔到小王手里。

后来，小王的确当了业务部的经理，可是却没法服众，原因就是大家认为她是靠溜须拍马才当上经理的。

这里，小王的举动对于维护同事关系来说是大忌，这样明显表现出了自己的目的,她完全可以隐晦地表达自己的意思。

2.不要冷落那些"没权没势"的同事

办公室里,你会发现,总有那么一些"闲人",他们"没权没势",大家也好像把他们当空气,但你千万不要小看他们,也许他们才是老板的真正心腹,你的一举一动都被他们尽收眼底;他们也可能是真正的人才,只是暂时没有表现出来而已。因此,你千万不要冷落他们,也许在你最需要帮助的时候,真正能帮得上忙的还是他们。

3.切忌在办公室与某个人交头接耳

由于办公室的人比较多,在工作之余大家会闲聊起来,此时,在选择话题上,你要尽量选择能照顾到集体兴趣的,不要因为自己喜欢某个话题就一直说个不停。另外,也不要选择太偏的话题,最忌讳的一点就是和旁人贴耳小声私语,这在无形中就会冷落了别人。另外,即使你不喜欢其中的某个人,也不要说话带针对性,让在场的其他人尴尬。

以上就是我们在职场与同事交往时应该注意的,能做到这些的话,我们就能处理好各方面的关系,不会有厚此薄彼之嫌。

巧妙疏导，消除职场人际矛盾

现代职场，一个人在职场能成功，不仅在于其学识和能力，还在于其是否能处理好与同事、领导、下属之间的关系。一个员工，在遇到职场矛盾的时候，如果能巧妙疏导，那么，相信他一定会有个好的职场人际关系，能获得他人支持。相反，如果团队成员之间、同事之间矛盾重重，势必影响工作的正常进行，甚至还会产生隐患，这是我们不想看到的。

那么，当身处职场的我们与他人出现矛盾时，该怎么办呢？三明治定律告诉我们，面对人际矛盾，我们不可与人正面冲突，而应该寻找更温和的解决方式，这样能淡化冲突、消除职场人际矛盾。

身处职场，我们每天都必须和周围的同事以及领导接触，学会为人处世以及说话都很重要。当你在处理各种人际关系的时候，很可能会遇到各种矛盾，或被客户责难，或被上司批评，或被同级嘲笑……面对这些情况，你是怎么处理的？是大发脾气还是沉默不语？聪明的职场人通常都会寻找到一个最好的疏通方式，用几句简短的话，让周围的人转怒为喜。他们做事面面俱到，兼顾周边的人；他们善解人意，还没等他人开口，就已心领神会……那么，在遇到职场矛盾时，根据三明治定律，我们该如何处理呢？

首先，自我检讨。遇到事情首先检讨自己，是一个人人格高尚的标准，更是与同事处事的准则。不要妄图改变他人的想法，更不要采取不合作的态度，不要孤立自己不喜欢的同事，而应该首先调整自己的态度，在尊重的基础上宽容看待对方的行为，才能和所有人友好相处。

其次，出现分歧应就事论事，如果真出现冲突，应理智进行解决，就事论事，不要掺入以往恩怨或者个人情绪，否则会让事情更加复杂。尤其是双方在公事上出现较大分歧，应理智地说出自己这样处理的理由，然后询问对方这样处理的理由，综合考虑后再做出决断，不应意气用事；不应该武断认为对方在针对你，不应该用词过于激烈，更不应该进行人格侮辱或人身攻击。如果分歧不能达成一致，不妨做成两种方案，请上司裁断。

人与人之间最基本的相处原则就是尊重，俗话说，"你敬我一尺，我敬你一丈"，身处职场，与他人的关系不像亲友之间，如果一时产生裂缝还可以修补；它不是以亲情、友情为纽带而建立起来的，而是以工作为纽带的，一旦受伤，创伤难以愈合。所以，我们应妥善处理职场矛盾。

总之，身处职场，与他人关系处理得好，个人心情愉快，工作也容易出成绩；处理得不好，不但影响工作，而且会严重损害自己的身心健康。另外，我们还需注意的一点是，这里所说的良好关系，并不是说与同事的关系越亲密越好。距离产生美，即使你与同事的关系再好，也不能与对方零距离接触。

三明治定律

不在失意的同事面前谈论你的得意之事

任何一个深谙三明治定律的人都明白，身处职场，要想成功，一大关键就是要赢得人心，赢得了人心，能让我们在职场左右逢源，好人缘能为我们所用。"三十年河东，三十年河西"，今天失意的同事明天说不定就得意了，假若我们能在对方失意之时对其进行肯定和认可，而不是大谈自己的得意之事，那么，对方一定会对我们产生感激之情。

菲菲和王颖都是一家广告公司的文员，同样是女人，而且同样都是漂亮女人，她们的命运却完全不一样。菲菲在自己25岁的时候，就嫁给了一个地产商，衣食无忧，每个月老公都会给她一大笔钱买衣服，自从她产下了一个可爱的儿子后，老公对她更是宠爱有加了。而她之所以还在工作，完全是为了多交朋友，不想让自己与社会脱节。

相比之下，王颖的生活就惨淡很多了，她也在25岁的时候结婚了，但她结婚的对象却是一个工厂的职工，两个人的老家都在农村，好不容易两个人凑齐了首付，在城里买了套房子，但到现在还没存够装修的钱，只能暂时窝在一个出租屋里，眼看两个人都不小了，却不敢要孩子，因为养不起。这也是为什么王颖平时在下班之后还要去卖场打工，因为她需要钱。

这天，王颖被老板骂了，因为她头天晚上没睡好，在办公室的时候居然睡着了，恰巧被老板看见了，就这样，她这个月的奖金没了，当她从老板办公室垂头丧气地走出来时，她听到菲菲又在吹嘘自己的豪华生活："昨天，我去新光天地买了一件九千多的皮草，哎，买的时候觉得可以，一买回家就不想要了，真是的，下次买东西还是要想好，九千块也不少了，王颖，你说是吧，你和你老公半年应该都存不到这些钱，对吧？"当菲菲问她的时候，她愣了一下，只是回答了个"是"字。她心里很难受，这不明摆着是说给自己听的吗？

自打这件事后，王颖就很讨厌菲菲，一有机会就为难菲菲。菲菲是个花架子，很多事情都不会，原先她都问王颖，而现在的她在办公室显得很无助，不知道该怎么办了。

这则职场故事中，原本两个关系不错的女人，为什么关系一下子变僵了？因为菲菲不该在失意的王颖面前显摆自己富裕的生活。

一般来说，失意的人较少攻击性，郁郁寡欢是他们最为普遍的一种表现，但这并不是说他们没有反击的能力，你的得意之语可能并没有针对性，却可能引起对方的嫉恨，这种嫉恨不会很明显地表现出来，可他们有自己的反击方式，比如背后中伤、背后搞破坏等，明枪易躲，暗箭难防。

因此，聪明的职场人懂得收敛情绪，当同事失意之时，他们绝不以自己的成就来"刺激"他。事实上，无论你取得了什么成就，你都应该照顾他人的感受，尤其是那些失意的同事。具体来说，你可以做到以下几点。

1.不炫耀自己的成功

每个人都有虚荣心，每当自己取得一定的成就或达到某个目标后，难免会产生一些优越的心理，但你千万不要在其他人面前表现出来，更不要借机贬低、挖苦别人，言者无意，听者有心，很可能你一句炫耀的话就伤害了别人，从而让别人记恨你。

2.热心帮助失意之人

如果你不希望你的成绩让那些失意之人心里不舒服，那么你最好和他们保持一定距离，这是让自己安全的最好方法，但如果你希望化敌为友，你还应该学会在背后帮助他、关心他。并且，如果你能掌握一些沟通与交流的技巧，寻找一个机会委婉地指出他存在的不足，让他明白自己的缺点，他就会把注意力放到提升自己上，当他进步后，他就会对你心存感激。

比如，如果在同事当中有人因你的仪表风度而妒忌你，那你不妨把你的美容方法传授给她，根据她的个人条件指点她的穿戴，让她变得优雅起来。当她因为你的指点而得到别人赞美时，她会非常感谢你的。

3.关心失意之人

关心那些失意之人有一定的技巧可言，并不是语言上的安慰就有效，因为有些小肚鸡肠的人会把这当成你变相表示得意和看笑话的行为，为此，你不妨给予他们适当的协助，甚至施予物质上的救济。而物质上的救济，不要等他开口，要随时采取主动。有时候，对方急需你的帮忙，但因为面子关系，他们又故意称自己不需要，在这种情况下，你应该主动表达自己的关心，对其雪中送炭，他会感激涕零。

总之，每个人都有被尊重的需求，尤其是在自己失意的时候，更需要别人的理解和关心，而如果你不顾对方的感受，大谈自己的那点小成绩，势必会伤及对方的自尊心。

三明治定律

放低姿态，多用请教的语气与上司沟通

当我们走出校门、来到职场，就免不了要与领导打交道，这就需要我们学会与领导相处的艺术，其中就有重要的一条：我们要认识到三明治定律的存在，与上司沟通，不可直截了当，而应该多用请教式的语气，并将此作为一种日常规范，这样会有利于自己不断进取。相反，如果你不懂得与领导沟通的礼仪，说话的语气很随便，或带着不屑的口吻，那想赢得领导的信任恐怕就很难了。

在生活中，我们只有在面对长者或师者时，才会使用请教式的语气说话，这表示一种尊重，也是出于礼貌，也是一种赞同。可能有的下属会疑惑：难道领导也是长者或师者吗？或许，我们并不能将领导这个身份定义为长者或是师者，但对领导应有的尊重还是要有的。作为下属，我们必须要明白一点，领导毕竟是领导，无论是职场经验还是为人处世之道，都远在于我们之上，与之沟通，我们不应该失掉该有的礼数。在工作中，多用请教式的口吻说话，这是一种下级对上级的礼貌，更是一种对其能力的认可和赞美。同时也会让领导感受到你的谦逊。

这天中午休息的时候，张总正在办公室里大谈自己"当年"："当初，我跟你们差不多的年纪，一个人南下来到广州，人生地不熟，开始到处找工作……"旁边的下属纷纷围拢过来，聚精会神地听张总讲话，办公室里只有小李一个人躲在角落里玩手机，似乎根本没看见张总这个人。

张总一边讲着，一边用手挥舞着，下属们一个劲地称赞："张总，那时你可真是初生牛犊不怕虎啊。""是啊，张总，没想到年轻时候的你也是这样的血气方刚呢！""咱们张总当年可是响当当的人物，否则怎么能成了咱们领导呢？""就是，就是"。

不一会儿，上班时间到了，人群散去，张总也结束了自己的讲话。这时他有意无意地看了看角落里还在玩手机的小李，脸色有些不悦。

当所有的下属都在聚精会神地听领导讲话时，小李却躲在一旁玩手机，这样的对比，会让领导加深印象，他会认为躲着不听自己讲话的人必然是对自己不够尊重。一旦领导心中产生这样的感觉，那就意味着小李在以后的工作中或多或少会遇到一些困难，也并不是说领导会因此为难他，而是即使他做了什么,也很容易被领导忽视。

其实,用请教式口吻说话不仅仅重在请教,还表现出一种鼓励的意味。当然,这样的说话方式大多出现在下属对上级时。尤其是我们需要领导帮助的时候,不妨放低自己的姿态,虚心请教,说上几句好话,说不定就能获得良好的效果。为了亲近领导,下属应时刻注意自己说话的语气,在领导面前,要表现得弱一点,保持谦虚谨慎,方能亲近领导。

小菲是公司里年纪最小的,但是大家都很喜欢她,因为她积极上进,总是很虚心,不管是谁说话,内容是关于工作的还是与工作无关的,她都能够做到安静地倾听,并且,最重要的是,她还总是能从自己的角度给出回馈,能找出对方观点中可供赞赏和认同的地方,小菲的这个特点备受领导赏识。

办公室主任老王是出了名的"唠叨王",他经常逮着机会就讲话,尤其是对下属,不管是工作上的还是生活中的事,只要他愿意继续讲下去,估计可以讲上半天。因此,下属们都惧怕他,一看见他来了就赶紧找机会溜走,或者是躲起来。但小菲却从来不躲不藏,每当老王讲话的时候,小菲总是很认真地倾听,哪怕他讲的是一些与工作毫无关系的话。在小菲看来,倾听领导讲话,这本身就是对领导的尊重。也正因为小菲如此认真的倾听态度,老王每次回到办公室都会感叹:"小菲真是不错啊，每次我讲话，无论时间多长，她都不会表现出不耐烦的表情，而是虚心地倾听和请教。"于是，每次办公室有什么重要的工作，老王都会吩咐小菲去完成，以此不断地增加她的工作经验。

或许，小菲的资历、工作经验和能力不如其他的同事，但她身上表现出来最难能可贵的一点就是能放低姿态，以求教的态度赞同对方，这是对领导的一种尊重，这样做，不仅能有效地亲近领导，了解领导，还能对自己的工作产生帮助。

当然，在与领导说话时，下属要多使用礼貌用语，比如"请""请教""谢谢""不好意思，打扰一下"，这样你说出的话才有请教的意味。即使是遇到了倚老卖老的领导，对他们也需要处处流露出尊重的态度，不要反驳领导的看法，不要与之发生正面冲突，给予领导最充分的赞美才是上上之策。

"曲线救国",将对上司的建议包裹在赞美中

在工作中,由于受到一些认识方面的局限等原因,即使是领导,也未必能做出正确的决策,这些决策,有些是不切实际的,有些对公司整体的发展并无益处,有些甚至是完全错误的。因此,作为下属的我们为了避免一些不正确决策的执行,关键时刻不可唯唯诺诺,你有责任也有义务对领导提出意见。然而,可能很多人会产生疑问,我做了很多前期工作,花费了很多时间和精力,但在真正劝说的时候,却发现原来领导并没有听进去,更别说采纳我的意见了。

其实,这主要是方法和技巧的问题,只有掌握正确的、领导可以接受的方式和技巧,你的言语才会奏效。因为中国人素来很爱面子,尤其是做领导的,有了一定的权力,自然有一定的权威和尊严,古人有"君无戏言"的说法,古时君王明知犯错却不知悔改的,大有人在,其实也就是这个道理,承认自己的错误也就是失了权威和面子。因此,作为下属的你,在谏言的时候,如果能运用三明治定律,委婉一点,采取"曲线救国"的方法,那么,不仅能防止领导做出错误的决策,还能体

现出你的工作能力，更能因为保住了领导的面子，而获得领导的赏识。

我们先来看下面这则故事中的刘颖是怎么做的：

小梁在一家珠宝公司的市场部上班，她做事认真，为人也很耿直，因此，也得罪了不少领导。和她同时进公司的刘颖也在公司的市场部，但因为一件事，刘颖却成了市场部副部长，成了小梁的上司。

那天，在每月的例会上，市场部部长决定："为了促进公司新款珠宝的销售，我决定加大宣传力度，这月末就在本市的水上乐园举行一次大型展览，希望大家努力办好这次展览。"小梁一听，觉得荒谬至极，她本来就觉得这个市场部部长太专制，什么事都喜欢自作主张，也不和其他人商议。这一点，她看不惯已经很久了。她性格太直，当着众人的面，就回了市场部部长一句："你这太草率了吧，都不做市场调查吗？这可关系着我们公司下半年的销售额和资金的运转！"小梁将这些话脱口而出。当时，会场上的很多人都屏住了呼吸。

"你知道什么，等你坐到市场部部长的位子再说！"说完，市场部部长气急败坏地离开了会议室。

但令小梁奇怪的是，那月的水上公园展览居然没有办，而自己的好朋友刘颖则爬到了市场部副部长的位子。原来，当时会上，刘颖也很不同意部长的做法，但是她并没有在会上指出来，而是等会开完了，对部长道出了事情的利害："我一直都很佩服您，你做事一向都很有魄力，但这次我们推出的是我们公司今年的主打产品，水上乐园去的一半都是孩子，这么昂贵的奢侈品并不怎么适合在那展出，到时候做了无用功就不好了。"部长一听，认为刘颖说得没错，便向总部推荐刘颖担任副部长，成为自己的左右手。

针对同一件事，两种不同的说话方式，导致了不同的结果和职业命运。有时候，说话不能太直率。面对领导的错误决定，小梁开门见山地提出了反对意见，让领导在众人面前下不来台，自己的尊严受到了损害，领导自然很生气。而相反，刘颖的做法明显好得多，先赞美领导，肯定了领导果断的行事作风，这至少让领导觉得自己的能力是被肯定的，这样，在听取意见的时候，也自然容易接受多了。

我们在向领导谏言的时候，一定要明白彼此的身份，委婉表达，照顾到领导的面子，"曲线救国"更易达到目的。

在进谏的时候，你应该掌握以下几个技巧。

1.知己知彼，方能百战百胜

在说服领导前，对于领导的脾气、性格和处事方式等，你都要做个全方位的了解，如果领导是个开明的人，你就不必浪费时间、大费周章，你大可以直接说明，这样的领导一般都对直言进谏的下属有好感。如果领导比较固执，你最好准备几套方案，此套不行施彼套，同时，一定切记，不能与之正面对决，而应迂回处理，他更能接受。

2.注意说话态度，要把握好分寸

与领导沟通，你需要注意说话的态度和敬语的运用，恰到好处地表达出你的意思，你的坦率和诚意，会让对方即使不完全赞同你的观点，也不会对你个人产生负面的看法。

3.领导需要的是建议而不是意见

你在对领导提意见的时候，不要只说"不行"，要说"怎么做"。给领导提供更好的解决方案，他才会放弃自己原有的想法。

4.不要否定你的领导

很多领导不愿意接受下属的意见，是因为他觉得一旦接受，就意味着自己的智慧不如下属，抓住领导的这一心理，你在提出意见前，一定要肯定领导，这样，他接受起来也就容易多了。

总之，向领导谏言能体现下属对领导的忠心，但并不是所有领导都愿意听下属的直言进谏，直接的反对言辞会让他觉得自己的威严受到了威胁和质疑，因此，聪明的下属在向领导表达不同意见时，会采取曲线救国的方法，这样，不仅能让领导更易接受，还能让领导看到自己的能力与忠心。

三明治定律

赞美领导要讲艺术

三明治定律已经告诉我们对他人赞美、说点好听的,能给我们带来巨大的好处,因为每个人都长着爱听赞美之言的耳朵,我们的领导也是人,也有这一弱点。因此,不懂得如何赞美领导,你就永远别想走近他。请不要吝惜你的赞美,因为它不会让你有所损失,而一旦忘记了赞美,你却有可能付出代价。为什么要这么说呢?道理很简单。不赞美、不祝贺领导的成功,或者说领导感到快乐的那些事让你感到不快乐,这必然会引起领导的怀疑:他为什么不高兴?难道有什么事使他对我怀恨在心?他竟敢公开表示对我的不满意!由疑而怨,由怨而恨,势必使领导感到不快,进而影响你们彼此之间的感情。但赞美领导也要讲艺术,循规蹈矩、墨守成规的赞美只会让对方感到毫无新意可言,起不到真正赞美的作用。而假若我们善于观察,善于挖掘,找到别人未发现的优点,这样说出来的赞美之言才会更显新意和诚意,更会给被夸赞的人留下既美好又深刻的印象。

第六章 三明治定律与职场人际：为他人提供好情绪，能让你在职场左右逢源

很久以前，有一个国王，他有个特殊的爱好，那就是喜欢听赞美的话，并且每天都要听。对于他的臣子来说，说赞美的话不难，但是每天变着花样说，可就不是什么容易的事了。

一开始，国王听到这些美言觉得很新鲜，但是久而久之，国王感觉那些人都是在拍自己马屁，都很虚伪，比如这些臣子们会说"您是我们最英明的陛下""您的伟业将永垂不朽"这些话。

有个聪明的大臣看出了国王的心事，于是想给国王来点"新鲜的"，好让国王高兴高兴。

一天，国王要发布新的政令。这一次，这个聪明的大臣并没有像以往那样当面称赞国王，而是故意在一旁悄悄地对别人说："凡是身居高位的人，大多喜欢别人的奉承，只有我们陛下不是这样，他对别人的称赞都不放在心里。"

恰逢此时，国王赶到了，站在门后的他听到这些话，心里别提多高兴了，马上走过来对大臣说："好啊，知道我心里所想的人，还是只有你。"

很快，这个聪明的大臣被升职了，受到了国王的重用。

故事中的大臣是极为聪明的，他采用的就是一反常态的赞美，在背后赞美国王，满足了国王想听真诚赞美之言的心理需求。我们都明白，他对其他大臣说的那番话，本身就是说给国

王听的，只是把恭维话说在了国王的背后，以和别人在背后议论的方式，有意识地让国王听到耳朵里去，把国王捧得极高，从而达到讨好国王的目的，他自然也就得到了国王的重用。

那么，具体来说，作为下属，我们该如何把握赞美的艺术呢？

1.在赞美中表达羡慕、钦佩、理解和决心

①赞美中表示羡慕。羡慕者的目光总会带着敬慕，而受到敬慕的人则会感受到一种成就感和优越感。羡慕会增加赞美的效果，但要掌握尺度，否则会被认为是在嫉妒。

②赞美中表示钦佩和理解。赞美领导要"同甘""共苦"，使语言深入领导内心，打动他的情感。例如，对于刚被提拔成领导的同事，可以在赞美中表示钦佩和理解："这些年你可不容易呀！凭你工作的那股劲儿，这些年的成绩，不提你提谁呀？提谁都难服大家的心。"

③在赞美中表决心。表决心面向未来，它是一种表现忠诚的方式，表示你承认领导的权威，愿意保持对他的忠诚。

2.将计就计

众所周知，朱元璋打下江山建功立业并不容易，他个人对自己的丰功伟业也颇为自豪。一天，朱元璋突然雅兴大发，叫来了宫廷画师周玄素，命令他在大殿的墙壁上绘制巨幅"天下江山图",以彰显自己的盖世功绩。

周玄素赶紧上前,谢罪说:"微臣才疏学浅,又没有走遍九州,斗胆恳请陛下启动御笔,勾勒本图规模,随后臣再加以润色。"

朱元璋听完之后,提起御笔,唰唰几下,在墙上草画出一幅"天下江山图"的大致轮廓。

随后,对身旁周玄素说:"朕已构建了草图,你加以润色吧!"

周玄素奏道:"陛下江山已定,岂可再有改动!"

朱元璋听了哈哈大笑,随即赞扬了周玄素,作画的事也就此作罢了。

周玄素是个绝顶聪明的人,他抓住机会说出"江山已定,自己不敢再改动",不但推卸掉作画的"苦差事",而且巧妙地把赞美的话说到了点子上,说到了朱元璋的心坎里,让朱元璋如饮甘霖,舒心至极。心理学家研究表明:人内心的期许受外界因素的影响很大,同样一句赞美的话,表达的时机不一样,表达的程度不一样,对方的接受程度也是不一样的。

很多领导为了察看"民意",找出对自己有意见的下属,往往在部门内部甚至其他部门安插一些"心腹",当你下班后,有几个同事邀你去喝酒,或者在酒桌上遇见几个陌生的面孔,他们搞不好都是领导的"心腹",这种场合,你千万不能说领导的坏话,而应该将计就计,把领导大大地赞扬一番,这些赞美的言辞必然会流传出去,让领导听到你对他的赞美,他才会越发信任你。作为下属,一定要有这种智慧。

3.善于找出领导身上别人没有发现的优点

"人皆有所长",即使你的领导实在没有可以赞扬的优点,你也要善于寻找和发现,如果能找到连领导自己都没有在意的优点,你的赞美之言会显得耳目一新。

第七章

三明治定律与亲子教育：孩子的优秀来源于父母的鼓励

我们都知道，孩子在成长过程中，总是会出现这样那样的问题，对此，教育专家指出，孩子需要鼓励、赞美和支持，而不是直截了当地批评和打压，而这与三明治定律的核心内容不谋而合，因此，我们在亲子教育中，要多给孩子赞扬和赏识，这不但能让孩子认识到自己的价值、积累自信，还能引导孩子接纳我们的教育方法，进而对孩子的成长产生积极意义。

别当着外人的面批评孩子

三明治定律告诉我们，在家庭教育中，孩子有错，需要批评，但一定要注意方式方法。孩子的每一个行为都是有原因的。这是由孩子的心理、生理特点所决定的。也许这些原因在成人看来是微不足道的，但在孩子的眼里就是很严重的事情，不了解原因就当众批评他，非但不能解决问题，反而会使问题变得更糟，使孩子产生逆反抵触情绪，导致对孩子的教育很难继续下去。

事实上，任何人都渴望被赞扬，更何况我们的孩子，尤其是一些生性敏感的孩子，他们也有自尊心。作为家长，应该时刻注意保护好孩子的自尊心，保护孩子自尊心的重要一点就是不要在众人面前说他们的缺点和过错，不要在众人面前批评他们。

有一天晚上，妈妈和妮妮在一起看动画片，妮妮突然仰起小脸凑到妈妈的脸前说："妈妈，我给你说件事，你以后就只在我面前说我不听话，别在人家面前说我不听话。"说完她就亲了亲妈妈的脸，不好意思地对着妈妈笑。

看着女儿，妈妈的心里咯噔一下，心情也久久无法平静，妈妈心想，女儿才四岁啊，这么小的孩子就开始有自尊了，所以希望妈妈只在她的面前说她、批评她，而不要在别人面前说她不听话，孩子的心是多么的敏感脆弱。想到这里，妈妈心疼地抱起妮妮，向她保证以后不在人家面前说她不听话了。

英国教育家洛克曾说过："父母不宣扬子女的过错，则子女对自己的名誉就愈看重，他们觉得自己是有名誉的人，因而更会小心地去维持别人对自己的好评；若是你当众宣布他们的过失，使其无地自容，他们便会失望，而制裁他们的工具也就没有了，他们愈觉得自己的名誉已经受了打击，则他们设法维持别人的好评的心思也就愈加淡薄。"实际情况正如洛克所述，孩子若被父母当众揭短，甚至被揭开心灵上的"伤疤"，那么孩子自尊、自爱的心理防线就会被击溃，甚至会产生以丑为美的变态心理。

很多家长就产生了疑问："孩子自尊心强，难道孩子有过错就不能指出来吗？"答案当然是能，但是批评孩子也要掌握一定的原则和技巧，不能当众批评。家长应注意一些方式方法。

1.用沉默法让孩子产生心理压力

其实孩子自己在犯错之后，也害怕被父母惩罚，如果作为家长的我们说出来，他们反而会产生"既来之则安之""要打要骂悉听尊便"的轻松感，对自己做错的事也就无所谓了。相反，如果我们保持沉默，孩子就会产生心理压力，进而进行自我反省，然后发现自己的错误。

2.以低声原则批评孩子

家长批评孩子，也不要大声呵斥，而应该保持"低而有力"的声音，这样更能引起孩子的注意，也容易使孩子注意倾听你说的话，这种低声的"冷处理"，往往比大声训斥的效果要好。

3.以暗示代替直接批评

孩子犯了错，如果家长换个方式，不直接批评而是暗示他，孩子会很快明白家长的用意，愿意接受家长的批评和教育，而且这样做也保护了孩子的自尊心。

4.引导孩子换个立场，正视自己的错误

当孩子犯错遭到父母的责骂时，往往会把责任推到他人身上，以逃避父母的责骂。此时最有效的方法，是当孩子强辩是别人的过错、跟自己没关系时，就回敬他一句："如果你是那个人，你会怎么解释？"这就会使孩子思考"如果自己是别人，该说些什么"，这会使孩子发现自己也有过错，并会促使他反省自己把所有责任推给他人的错误。

5.适时适度

正如以上说的,不能当众批评,而应"私下解决",这能让孩子明白父母的良苦用心,尊敬之心油然而生,比如,孩子考试成绩不理想时,家长和孩子坐下来一起分析一下考试失利的原因,提醒孩子以后避免此类情况的发生,就比批评孩子不用功、上课不认真效果要好得多。批评教育孩子,最好一次解决一个问题,不要几个问题一起批评,让孩子无所适从;也不要翻"历史旧账",使孩子惶恐不安;更不要一有机会就零打碎敲地数落,结果把孩子说疲沓了,变得对你的说教无动于衷。

孩子毕竟是孩子,难免会犯错,家长批评一下固然重要,但是家长在批评的时候,千万要注意不要在人多的地方对他横眉立目地训斥指责,这会伤害孩子的自尊,在一定的场合也要给足孩子的面子。尊重孩子,保护他的面子,掌握批评的方式方法,这对孩子的成长来说是极为重要的!

赞扬你的孩子，听话的孩子是夸出来的

对于任何一个家庭来说，孩子是否能健康、愉快地成长，是家庭是否幸福、和谐的重要因素之一。但如何教育孩子，却成为困扰很多家长的问题。随着教育理念的更新，家长对孩子的教育也从以前的严厉批评、严格管教变成了现在的赏识教育。事实上，赏识教育与我们所说的三明治定律有异曲同工之效，对于孩子来说无疑是一件幸事。孩子生来需要赏识，就如同花草需要阳光和雨露，鱼儿需要溪流和江河。

美国心理学家威廉·詹姆斯有句名言："人性最深刻的原则就是希望别人对自己加以赏识。"孩子毕竟是孩子，他们的独立意识尚未形成，他们非常在乎他人眼里的自己，因此，尊重孩子、相信孩子、鼓励孩子，不仅能让我们及时看到孩子身上的优点和长处，进而挖掘出他们身上巨大的潜力，还能拉近亲子间的距离，帮助孩子健康成长。

听话的孩子不是批评出来的，而是科学地夸出来的。因此，了解"三明治定律"，科学赞赏你的孩子，可以说是亲子沟通的灵魂。

赞扬孩子，我们需要注意以下几点。

1.看到孩子的优点，赞扬他

父母对孩子的期望态度一样会影响到他。如果你认为你的孩子是优秀的，那么，他就会按照你的期望去做，甚至会全力以赴让自己变得优秀起来；而反过来，如果你总是挑他的缺点、毛病，那么，他们就会产生一种错觉：我不是好孩子，爸爸妈妈不喜欢我，我好不了了。因此，家长积极的期望和心理暗示对孩子很重要。

可见，对于孩子来说，他们最亲近、最信任的人是他们的父母，因此，父母对他们的暗示是影响巨大的，如果他们能长时间接收到来自父母的积极肯定、鼓励和赞许，那么，他就会变得自信、积极。相反，如果他们接受的是一些消极的暗示，那么，他们就会变得消极、悲观。

2.关注孩子的点滴进步，并赞美他

古语有云，"士别三日，刮目相看"，历史经验值得记取。任何人、任何事都不是一成不变的。我们的孩子也是在不断进步的，而同时，孩子对父母的态度是很在意的，假如你的孩子进步了，你一定要赞扬他，而不是用老眼光来看待他的缺点。

明智的父母会看到孩子身上的点滴进步，在孩子有任何一点进步时，他们都会夸奖孩子，让孩子感受到父母对自己的爱和关注。

父母在教育孩子时，要让孩子明白一点，无论他的成绩如何，只要他努力了，就是好孩子。

事实上，孩子对于自己的进步是非常敏感的，但孩子最希望的是得到父母的认同，如果父母总是刻板地看待孩子，那么，时间一长，得不到认同的孩子便不愿意向你敞开心扉了。如果父母能够及时发现孩子的进步并进行表扬，孩子的心灵就会得到阳光的沐浴，进而敞开心灵，把父母当成最好的朋友。而融洽的亲子关系是家庭教育最基础的保证。

3.掌握赞扬孩子的要点

首先，对于孩子的赏识一定要是发自内心的，而不是虚伪的。你可以不直接表达你的赞赏，比如，你可以说："红红，小卖部的王阿姨和我说你懂事又有礼貌，让她家孩子多和你玩呢。"你这样说，她会觉得自己的言行举止得到了别人的肯定，你没有直接夸奖，但夸奖的效果达到了。不要认为孩子是可以随便哄哄的，假惺惺的夸奖也会被他们识破。

其次，表扬不要附带条件。有些家长虽然也认识到了赏识教育的重要性，却担心孩子会骄傲，于是，他们常常会在表扬后加上一条附带条件，比如说："你这件事做得很对，但是……"这类家长认为这样会让孩子更有心理承受能力，其实，孩子最害怕这类表扬，他们会以为你的表扬是假惺惺的。

因此，你千万不要低估孩子的智力。他们是能听出你的话中话的。

对于孩子的表扬最好是具体的，比如："真乖，今天你学会自己叠被子了。""我听李阿姨说你今天主动跟她打招呼了，真是个懂礼貌的孩子。"

我们家长一定要好好运用"赏识"这个法宝，不要因为孩子做好了、学好了是应该的事而疏于表扬，渴望被人赏识是人的天性。大人们也是如此，就连美国著名的作家马克·吐温先生也曾经说过："凭一句动听的表扬，我能快活上半个月。"

用引导代替教训，孩子才愿意和你沟通

孩子的教育一直都是一个困扰家长的难题，尤其是当孩子越来越大，很多父母发现，越让孩子做什么事，孩子就越不去做，不管怎么说，孩子都不听。为此，不少家长四处取经，学习教子经验，有些父母还采取打压和强迫的方式来让孩子听话，企图遏制孩子的错误行为和观念，然而，实际上，这种方式多半是无效的，有时甚至会适得其反。因为如果总是运用严厉的方式教育孩子，或者总是苦口婆心地劝说，久而久之，孩子一定不会再吃你这一套，孩子也只会对你的管教感到厌烦，除了躲着你，他们还能怎样？

事实上，在了解了三明治定律后，我们已经明白，肯定、赞美和鼓励比批评、教训更能让孩子接受，因为孩子也需要被人理解和尊重。

孙女士是某公司的老总，她能把公司管理得井井有条，但对自己的儿子，她却用"无能为力"来形容。尤其是今年，她的儿子更不听话了，不管她说什么，儿子总会与她对着干。万

般无奈的情况下，她找到了心理咨询师，心理咨询师试着与这个孩子沟通，出乎她的意料，这个孩子很配合。

"为什么总是与妈妈作对？"

他直言不讳地说："因为妈妈总是像教训、指挥员工一样来对待我，我都感觉自己不是她儿子，所以我总是生活在妈妈的阴影里。"

心理咨询师把这名孩子的原话告诉了他的妈妈，然后把他们母子请到了一起，孙女士十分激动而又真诚地对儿子说："儿子，你和我的员工当然是不同的，妈妈希望你更出色！"

听完这句话后，心理咨询师立即给予纠正："您应该说：'儿子，你真棒，在妈妈心里你是最优秀的，我相信你会更出色。'"

孙女士不明白为什么要这样说，心理咨询师说："别看这是意思大同小异的两段话，其实它们有着很大的不同，前者是居高临下的指挥，后者是朋友式的赞美和鼓励，我觉得您在教育孩子上，不妨换一种方式，多一些引导，和孩子做朋友，而不是教训孩子！"

孙女士听完，若有所思地点点头。

其实，孙女士教育方式很典型，对于孩子，这类父母多以教训和指挥的口气来教育。孩子在很小的时候，只能接受父母的教训，但孩子越来越大后，他们就会开始反击，除了与父母对抗这一表现外,他们还喜欢用沉默来面对父母,于是,很多父母纳闷,为什么孩子不愿意与自己说话呢?

其实,这是我们的沟通方式出了问题,我们要想让孩子愿意和我们说话、愿意听话,首先我们自己要会说,与孩子沟通,重在引导,而绝不是教训。

因此,我们要在内心里把自己和孩子放在平等的地位,把他当作我们家庭中很重要的一个成员来对待,遇到问题也要和孩子多商量,对孩子多加引导。要尊重孩子,尊重他的人格,尊重他的意见。不可动辄训斥,那样只会使他离你越来越远。

要想让亲子间的沟通畅通无阻,我们家长需要明白以下几点。

1.转变思维,摒弃传统的家长观念

我们要想使自己与孩子的关系更加亲密,让孩子乐意与自己"合作",首先要做的就是转变思维,即打破那种传统的家长观念,不是去挑孩子的毛病,而是不断使自己的思维重心向这几个方面转移:孩子虽然小,但也已经是个大人了,他需要被尊重;我的孩子是最棒的,他具备很多优点;允许孩子犯错误,并帮助他去改正错误……

2.放下长辈的架子,与孩子平等沟通

有些父母为了维护自己在孩子心中的地位,而刻意与孩子保持距离，从而使孩子时刻都感觉到家庭气氛很紧张。亲子之间存在距离，沟通就很难进行，在没有沟通的家庭里，这种紧张的气氛往往就会演化成亲子之间的危机。

因此，我们不能太看重自己作为长辈的身份。因为长辈意味着权威和经验，意味着要让别人听自己的。但事实上，在急速变化的世界中，这种经验是靠不住的。不把自己当长辈，而是跟孩子一起探索、学习、互通有无，这种做法会让你在与孩子的沟通上变得更加自由和开明。

3.开拓沟通渠道，让孩子"有话能说"，自己"有话会说"

家长与孩子交流时，要坚持双向原则，让孩子有话能说。比如，在交流的时候，无论孩子的观点是否正确，你都应该给予赞赏，然后指正，这样可以鼓励他更大胆、更深入地与你交流。同时，作为家长，更要有话会说，同样的道理，采用命令的口吻和开放地和孩子沟通所达到的效果是不一样的，很明显，后者的效果会更好。如果能用通俗易懂的话说明一个深刻的道理，用简明扼要的话揭示一个复杂的现象，用热情洋溢的话激发一种向上的精神，孩子自然会潜移默化地受到感染，明白父母的苦心。

总之，我们要想让孩子打开心扉与我们沟通，就要做到真正与孩子平等沟通。你对孩子的理解和尊重，必然有利于问题的真正解决，有利于两代人的沟通！

批评要适度，孩子才会接受

我们都知道，为人父母，除了给孩子生命，还需要教育他们，而孩子犯错了，批评管教少不得，三明治定律告诉我们，孩子的心灵是脆弱的，我们批评教育孩子，千万不能过度。因此，任何批评，都必须要讲方法，如果孩子一犯错，你就采取谩骂、呵斥的方式，那么，不但不能让孩子接受并改正错误，还会让孩子产生逆反情绪。

一天，儿子回家后，爸爸发现儿子耳朵上竟然打了耳洞、戴了耳钉，马上气不打一处来。

父亲："谁允许你打耳洞的？你照照镜子，跟街上的小流氓有什么区别，明天不摘了就不许进家门！"

儿子："我就是喜欢，为什么要听你的？"

父亲："我是你爸，我就要管你。"

儿子："有什么了不起，你就会对我发脾气……"

一场父子之间的战争开始了。

不得不说，现代家庭中，很多亲子间的矛盾都源于父母的批评。很多父母在事后后悔：为什么我要发火呢？有什么办法可以挽救呢？

然而，即便如此，生活中还是有很多父母常犯这样的错误：三番五次地对孩子说"跟你说过多少遍，做作业的时候不要玩其他的"，可是孩子还是边学习边玩；经常提醒孩子不要打架，可孩子还是"恶习"不改；面对孩子的网瘾问题，父母强行干涉，结果把孩子逼急了，孩子居然离家出走……

实际上，父母过分的叮嘱、管教不但不能起到预期的效果，反而会使孩子的神经细胞处于抑制状态，从而做出逆反的行为。因此，任何一个父母，在教育孩子的时候，都应把握一个度，时间不能过长，内容也不应过多。

心理专家告诉我们，了解孩子的承受能力，并选择适合的批评方式，会帮助父母找到批评和尊重之间的平衡，但父母们必须掌握以下几个在批评孩子时说话的原则。

1.注意时间和场合

批评孩子要避免以下三个时间：清晨、吃饭时、睡觉前。

因为在清晨批评孩子，可能会破坏孩子一天的好心情；吃饭时批评孩子，会影响孩子的食欲，长此以往会对孩子的身体健康不利；睡觉前批评孩子，会影响孩子的睡眠，不利于孩子的身体发育。

2.批评孩子之前要让自己冷静下来

孩子犯了错，家长担心孩子会学坏，这很正常，也难免会产生一些情绪，但千万不能因为一时情绪激动而说出不该说的话、做了不该做的事，伤害到孩子。

3.先进行自我批评

父母和孩子每天都要打交道，父母也是孩子的第一任老师，孩子犯了错，父母或多或少都会有一定的责任。在批评孩子之前，如果父母能先来一番自我批评，如："这件事也不全怪你，妈妈也有责任"，"只怪爸爸平时工作太忙，对你不够关心"，等等，会让家长和孩子的心理距离一下子拉得很近，会让孩子更乐意接受父母的批评，还可以培养孩子勇于承担责任、勇于自我批评的良好品质，一举多得，父母又何乐而不为呢？

4.一事归一事

有些父母很喜欢"联想"，一旦孩子犯了什么错，立马就能联想到孩子犯过的所有错误，甚至给孩子贴上坏孩子的标签，这样只会给孩子造成心理阴影。事实上，在批评孩子的时候我们要明白，自己的批评，是为了让他知道做什么样的事会带来什么样的后果。

5.给孩子申诉的机会

孩子犯错的原因是多种多样的，有孩子主观方面的失误，但也有可能是不以孩子的意志为转移的客观原因造成的。从主观方面来说，有可能是有意为之，也有可能是无心所致；有可能是态度问题，也可能是能力不足；等等。

所以，当孩子犯错后，不要剥夺孩子说话的权利，要给孩子一个申诉的机会，让孩子把自己想说的话全盘托出，这样家长会对孩子所犯的错误有一个更全面、更清楚的认识，对孩子的批评会更有针对性，也能让孩子心悦诚服地接受自己的批评。

6.批评孩子之后要给孩子心理上一定的安慰

孩子犯错后，情绪往往会比较低落，心情也会受到影响。父母在批评孩子后，应及时给孩子一些心理上的安慰，从语言上来安慰孩子，比如说些"没关系，知道错了改正就行""我知道你是个聪明的孩子，自己会知道怎么做""爸爸妈妈也有犯错的时候，重新再来"之类的话。

在家庭教育中，与孩子沟通，切忌一味地说教，尤其是批评孩子，要把握度。如果"过度"，可能会适得其反；如果"不及"，又达不到教育的目的；掌握好分寸，做到"恰到好处"，才能使你的训导对孩子起到"四两拨千斤"的作用。

一味地打压和批评，是孩子自卑的根源之一

根据三明治定律，我们认识到，一味地、直接地批评是无法起到应有的批评效果的，家庭教育中也是如此，孩子犯错很正常，但是一味地打压，孩子很有可能失去自信而变得唯唯诺诺。

的确，人活于世，靠的就是自信。只有自信才能让你看到人生的航向，找到前进的目标，让你找到真实的自我，而如果一个人缺乏自信心，那么他在这世上就过得昏昏沉沉，迷失自我，甚至被世界所遗忘。自古以来，那些成功者，为什么能实现自己的人生目标？正是因为自信！因为自信是成功人生的奠基石，自信是成功的第一秘诀。

事实上，我们的孩子天生是自信的，但一些孩子接受的后天教育使他们很难成功，他们经常被父母批评等，以至于开始变得胆小、自卑、消极，这对于孩子的成长是极为不利的。因此，为人父母，我们有必要关注孩子在成长过程中的情绪变化，一定要避免让孩子产生自卑情绪。

很多孩子的心里都有一片阴云——自卑。自卑心可能来源

于孩子自身不切实际的比较，但很多情况下来自父母的过度批评和打压。而事实上，那些很少受到父母表扬、总是被父母批评的孩子很容易对自己失去自信心，对自己力所能及的事都会产生退缩心理，从而慢慢地失去主动性，形成对任何事都漠不关心的态度。

作为父母，我们要明白的是，教育孩子，就是要让孩子始终拥有积极正面的能量，我们应该赞扬和鼓励孩子，让孩子远离自卑，树立自信心，他才能快乐、健康成长。

为了帮助孩子克服自卑心态，我们需要在日常生活中从以下几方面引导。

1.尊重孩子的成长规律，不要总是拿他和其他孩子比

事实上，我们不得不承认的是，每个孩子的智力是不一样的，学习能力也不可能完全一样，因此，当你的孩子学习得比其他人慢时，你也不能打击他："你怎么这么笨啊，你看人家半小时能背下来，你怎么就是背不下来？"本来他努力地在学习，现在你拿他和别的孩子比较，这势必会给孩子造成一定的心理压力，他会认为自己真的比别人差、比别人笨，于是形成恶性循环。其实家长需要做的是为孩子营造宽松的家庭氛围，以使孩子能够放松心态，自然地进入求知状态。

2.告诉孩子正确评价自我

我们要帮助孩子充分认识自己的能力、素质和心理特点，

告诉孩子，不夸大自己的缺点，也不抹杀自己的长处，这样才能确立恰当的追求目标。特别要注意对孩子缺陷的弥补和优点的发扬，让孩子将自卑的压力变为发挥优势的动力，从自卑中超越。

3.让孩子昂首挺胸，快步行走

许多心理学家认为，人们行走的姿势、步伐与其心理状态有一定关系。懒散的姿势、缓慢的步伐是情绪低落的表现，是对自己、对工作以及对别人有不愉快感受的反映。步伐轻快敏捷，身姿昂首挺胸，会给人带来明朗的心境，会使自卑逃遁，自信升起。

4.关注孩子的点滴进步

有的孩子学习成绩差，家长总是焦急甚至埋怨。要知道，孩子学习成绩的转化是需要有个过程的，今天的他只能考五十分，你不可能让他明天就考一百分。因此，你需要有耐心，要关注孩子的点滴进步，如果他的努力和进步被忽略，或者努力没有取得任何效果，他就会怀疑自己的能力，进而产生自卑情绪。

所以，家长要特别关注孩子的点滴进步，发现他的闪光点。要善于纵向比较，多表扬和鼓励，让他看到自己努力的成果，从而产生自信，减少挫折感。

5.帮助孩子提高勇气

我们要帮助孩子提升勇气，比如，可以教会孩子在各种活动中自我提示：我并非弱者，我并不比别人差，别人能做到的，我经过努力也能做到。认准了的事，我就要坚持干下去，争取成功。

6.鼓励孩子大胆尝试

孩子天生对外界事物充满好奇心，他们很喜欢尝试，对此，家长应给予鼓励和指导，千万不要打击孩子动手的积极性，即便是做错了，也不要训斥，要积极、无条件地关注自己的孩子，鼓励和帮助他们树立自信心，战胜挫折，远离无助感。

7.教孩子一些消除自卑情绪的方法

其实，每个孩子身上都有无法代替的优点和潜能，作为父母的你，需要引导孩子发挥出潜能，这样才能帮助孩子树立自信，对此，我们可以告诉孩子利用以下几种方法来消除自卑情绪。

想一想：对于挫折，你要换个角度来想，挫折和失败是对人的意志、决心和勇气的锻炼。人是在经过了千锤百炼后才成熟起来的，重要的是吸取教训，不犯或少犯重复性的错误。

比一比：可以与同学、伙伴比较，但不能只看到不如人的地方，你要告诉自己，我虽说比上不足，但比下有余，要及时调整心态，以保持心理平衡。不因小失败而失去信心，不因小挫折而损伤锐气。

走一走：到野外郊游，到深山大川走走，散散心，极目绿野，回归自然，荡涤一下胸中的烦恼，清理一下芜杂的思绪，净化一下心灵，唤回失去的信心。

作为家长，我们要知道，如果我们总是用消极的心态对待事情，那不但什么事情都做不好，还会使自己产生无能、绝望的情绪。所以，在日常的生活中，家长就应时刻引导孩子，遇事要多向积极的方面考虑，用乐观的心态看待一切事情。当孩子拥有积极的心态后，他们往往就能很自然地保持积极的自我情感体验了。

体罚，真的能让孩子改正错误吗

有一句俗语是"棍棒底下出孝子"，并且，我们很多成人在小时候也是被父母这样管教过来的，因此，体罚一直是很多人心中管教不听话孩子的最佳方式。然而，在了解三明治定律后，我们了解到，人的改正意识来源于积极正面的引导、鼓励和赞美，而非直截了当的批评，更别说体罚了。

诚然，我们的孩子总会犯这样那样的错，这是在所难免的，毕竟成长中，谁都会犯错，孩子犯了错，就要批评和惩罚，不少父母相信棍棒比说教更能让孩子牢记错误，当孩子犯错的时候，他们会采取严厉的惩罚措施，甚至还有体罚。由于体罚总伴随着家长的情绪爆发，容易使孩子产生逆反心理或委屈情绪，甚至导致其自信心丧失，这对于孩子的成长极为不利。

其实，"牢记错误"不是重点，"改正错误"才是目的。对待孩子的错误，我们不妨借鉴和运用三明治定律，温柔对待并用正确的方法引导犯了错的孩子，这样不仅会让孩子意识到自己的错误，还增强了孩子主动改正错误的信心和勇气。

美国的教育心理学家们在长期跟踪调查后发现，体罚并不能起到好的教育效果，因为它不能教会孩子辨别对错，虽然当他们被惩罚时可能会学乖，但是一旦父母不在，他们还是会肆意妄为，并且可能会为了逃避惩罚而做出更出格的事。

北京大学儿童青少年卫生研究所的陈晶琦博士是国内较早研究体罚和人格发展的学者，在对北京某大学的学生进行调查后，她发现，56.3%的学生16岁前曾经历过羞辱、体罚、挨打、限制活动等惩罚，其中18.9%有过严重挨打的经历。

这些数据说明，体罚孩子的现象很普遍，并且，经过调查研究，她发现，对这些曾经有过躯体或情感虐待的孩子来说，他们在很多方面的心理状况都更差，比如更普遍的躯体症状、强迫症状、人际关系敏感，抑郁、焦虑、敌对、恐怖、偏执等症状的发生率也明显高于无儿童期躯体或情感虐待经历的学生。

孩子从出生开始，接触时间最长且最亲密的人就是父母，孩子的一言一行都牵动着父母的神经。根据以往的研究结论，在幼儿时期，孩子很多行为的发生主要是为了吸引父母的注意，孩子需要父母的关心和关爱，在平时的家庭生活中，父母即使再忙，也要抽出时间陪伴孩子，与孩子多沟通。沟通时要采取正面鼓励的方式，强化孩子良好的品质。对错误的行为也不能仅仅进行惩罚，而应该告知孩子这些错误行为的危害，以及正确的做法是什么。

现在大部分父母都缺乏心理健康方面的基本知识，不了解孩子的心理特点和心理需求，也就无法从孩子的角度考虑问题。所以，父母有必要学习一些心理发展的知识，对孩子各个阶段的行为方式有所了解。但无论如何，我们不可体罚孩子，而应该给予孩子爱和理解，让孩子真正把父母和家当成心灵的港湾，孩子自然会少很多叛逆。

那么，一些父母可能会产生疑问，孩子犯了错，难道就不惩罚吗？当然不是，我们也需要让孩子为自己的行为付出一点代价。

老刘的女儿第二天要出去郊游。这天晚上，老刘就对只顾看电视的女儿说："女儿啊，先别看电视了，准备准备明天去郊游的东西吧，否则明天早晨又要手忙脚乱了。"女儿一边嗑瓜子，一边说："爸爸你可真啰唆，我这么大了，会照顾好自己的，东西都准备好了。"老刘就没再说什么，可是发现女儿换洗的袜子没带，帽子也没装进包里。老刘的妻子正要帮女儿收拾，老刘却制止了她。

女儿郊游回来后，老刘问："玩得怎么样啊？"女儿说："很好啊。就是没换洗的袜子穿，天气太热了，帽子也忘带了，我都晒黑了，下次可不能再这么丢三落四的了。"

老刘是位很聪明的父亲。他阻止了妻子的行为,就是要让女儿为自己犯的错误付出一点儿代价。如果妻子帮助她准备好了,下次女儿依旧是一副没记性的样子,并且她还会产生依赖心理:我没准备好没关系,还有妈妈帮我弄。

每个人犯错都是要付出代价的,如果没有因为相应的错误受到惩罚,那么错误很可能会延续下去。生活中,很多父母看到孩子犯了错误以后,马上帮他纠正。可能孩子意识到了自己的错误,但印象并不深刻,这会导致错误一再地出现。而让孩子尝尝犯错的"后果",孩子自然会长点记性。

三明治定律

孩子会听你真诚的建议，而不是命令

家庭是社会的细胞，也是一个团队，而家长就是这个团队的领袖，可能很多父母会发现，孩子还小的时候，自己在孩子心中的形象是伟大的，孩子什么都愿意跟自己说，但随着孩子逐渐长大，他们开始厌烦父母，尤其是讨厌父母以命令的口吻与他们交流，而父母则认为这是孩子不听话的表现，于是，便采取压制的措施，正因为如此，亲子之间的关系很容易变得紧张，甚至无话可说。

"看到孩子总是以一副不耐烦的神情跟我说话，我的脾气也不会好到哪里去。他声音大，我的声音就要更大，人在情绪上头，哪里顾得上风度、民主，我就记得我是他老爸，怎容得他这么放肆？其实，他如果冷静、温和地跟我解释他的想法，我又何尝会倚老卖老呢？我都这么大年纪了，怎么会不讲道理呢？"可能很多家长面对孩子时，都是这样的想法。

而其实，我们的孩子正在逐渐长大，他们会遇到很多成长中的问题，此时，他们需要的是父母贴心的建议，而非命令。

那么，在日常生活中，我们该如何与孩子沟通呢？

1.让孩子有机会表达自己的意愿

作为父母，我们都担心孩子走错路，正因为如此，孩子在做决定的时候，我们多半会横加干涉，并且习惯于替孩子做决定，少有征求孩子意见的时候；而一旦孩子不遵从，我们就大加责备。其实，站在孩子的角度考虑，我们就会知道，孩子也有自己的想法，我们家长在任何时候都要注意让孩子充分表达自己的意愿。

比如，在购买东西时，孩子的东西，应尽可能让他自己选，孩子都有自己的兴趣和爱好。不过，父母还是要最后把关的。比如，孩子选的东西太贵的话，就告诉他，这个太贵了，我们买不起。这样，孩子就知道要换一个便宜点的。

2.多启发而不是命令你的孩子

很多家长在要求孩子做事时，往往喜欢使用命令句式，因为他们以为，孩子天生是要听话的，应该由别人来决定他的一切，他们会对孩子说："就这样做吧"或"你该去干××了"。而这种语气在孩子看来就是说一不二、无法商量的，他们觉得自己是在被父母支配做事，因此即使做了心里也会不高兴。

家长不妨将命令式语气改为启发式语气，如"这件事怎样做更好呢？""你是否该去干××了？"这种表达方式会让孩子感受到家长对自己的尊重，从而引发孩子独立思考，按自己的意志主动处理好事情。

3.耐心倾听孩子讲话

耐心倾听孩子讲的每一句话、鼓励孩子自由表达自己的思想,不但能培养孩子思维的独立性和自主性,更能展现家长对孩子的尊重,家长可从以下几个方面加以注意。

①不抢孩子的"话头"。不少家长在和孩子说话时,发现孩子说话不通顺、用词不恰当等,此时,他们会因急于纠正孩子而抢过孩子的"话头"来说,这样做无疑是剥夺了孩子说话的机会,同时也会让孩子对以后的表达失去信心。

因此,在孩子想说话的时候,即使他词不达意,家长也应让孩子用自己的语言把意思表达出来,而不能抢做孩子的"发言人"。

②倾听孩子的"唠叨"。孩子的表达能力是逐步提高的,一开始,他可能表达不清楚,作为家长,千万不要嫌孩子啰唆和麻烦,因为这种"唠叨"恰好是孩子愿意与你沟通的体现,他是试图向成人表达他自己对这个世界的看法。因此,家长不仅要倾听孩子的"唠叨",还要鼓励孩子多"唠叨"。

③聆听孩子的"辩解"。当孩子为自己所做的事与家长争辩时,家长千万不能斥责他"顶嘴",要给孩子充分的辩解机会;当他与他人争吵时,家长也不要立即去调解纠纷,可以在一旁聆听和观察,看他说话是否合理,是否有条理。这对培养

孩子的独立思考能力大有益处。

④留意孩子给你的报告。家长可随时随地提醒孩子注意观察事物，给他探索的机会，观察之后，还应问一问他看见了些什么，学会了些什么。当他向你作"报告"时，作为父母，你应该留意倾听并适时点拨，你的回应会令孩子得到鼓舞。

总之，培养孩子，情商应是第一位，智商应是第二位，多建议而非命令孩子，是与孩子沟通的秘诀，不但能融洽彼此关系，更能教育出更听话的孩子！

第八章

三明治定律与婚姻爱恋：
好的感情，需要鼓励与赞美

心理学家研究表明：无论是男人还是女人，内心都有自我认可和自我肯定的需求。这与我们一直强调的三明治定律也是一致的，在婚姻和爱情中，男女都希望得到肯定、认同和赞美，在得到另一半的欣赏和鼓励后，人们都会试图表现得更加优秀，获得更多的认可。因此，任何人，都要去赞美你的妻子或欣赏你的丈夫，这样，你们的感情才会在你的肯定下不断成长，在你的鼓励下不断进步，你们才会越来越幸福。

第八章 三明治定律与婚姻爱恋：好的感情，需要鼓励与赞美

表达欣赏与赞美，好男人是捧出来的

人们常说：相识易，相知难；相交易，相爱难！爱情永远是世间最美好的话题，爱情是浪漫的，但爱情终究要走向婚姻这一条路。婚姻是现实的，婚后柴米油盐的生活，双方婚后发生的变化，常使得婚姻不再美好，不再浪漫。实际上，婚姻中夫妻之间的关系是需要维护的，只有带着欣赏的眼光去看待你的爱人和婚姻，你才能体会到婚姻的别致韵味。

事实上，三明治定律告诉我们，婚姻中，对爱人我们要多鼓励和说点甜言蜜语，尤其是女人，也需要明白，不只是你爱听甜言蜜语，男人也是，好男人是捧出来的，男人们也希望听到他人尤其是自己妻子的认可，作为妻子的你，只有欣赏自己的丈夫，才能最大限度地给男人鼓励，使其不断提高和完善自己，可以说，女人的鼓励能给男人力量、快乐和幸福。

玲玲的丈夫对她可以说是言听计从。在刚结婚的时候，以前的闺中密友经常打电话和她聊天，每当别人问道："你现在还好吗？"她总是一脸幸福欢快地笑着说："我很幸福！他

对我很好,只要我哪儿不舒服,他就叮嘱我吃药、喝水……还有,他做的饭菜好香好香……我工作忙的时候他就收拾家务,比我打理得还好……"在她这样说的时候,她的丈夫一定就在她不远的地方,看上去似乎在忙碌自己的事情,其实正竖着耳朵听,心里高兴得不得了。其实,一开始他只会炒鸡蛋,收拾屋子也是偶尔为之。只是到了最后,听到妻子在别人面前这样夸自己,他就有了劲头去做,后来真的成了一个"模范丈夫"。

故事中的玲玲就是一个善于经营婚姻的女人,她深知赞美在调节夫妻关系中的重要性。可见,婚姻中,女人在施展自己的拿手本领、发挥甜言蜜语功效的时候,一定要将美好的感情和对男人的喜爱之心见之于言表。反之,总把不好的感受放在心上,并讲些令人不高兴的话,讲话的语气又很直、很冲,时间长了,定会使人厌烦。要维持感情的热度,语言就要有热度,所以还要增加一些感激、安慰、鼓励和体贴的话。其实,在恋爱期间需要甜言蜜语,走进婚姻的殿堂更需要甜言蜜语来滋润婚姻。

小柳的丈夫比她小,但却是个很疼老婆的人,他也教会了小柳怎么经营婚姻。

就拿做饭来说,如果哪天回家时,小柳的饭没做好,丈夫不但不会生气，还会安慰她："没事，好饭不怕晚"；如果回家时，饭菜已放在饭桌上了，他就乐呵呵地问："亲爱的，今天怎么了，怎么这么积极？"反正无论怎么做，小柳都对。

小柳回娘家时，她会告诉母亲："我知道幸福是什么了，欣赏就是最大的幸福。"丈夫给了她最多的欣赏，她被幸福紧紧围绕。

同样，在婚后的几年生活里，她也以丈夫为自豪。虽然丈夫没有念过大学，但是在工作中处处留心，不懂就问，几年的工夫，就能独当一面了。而且心地很善良，人缘极好。虽然，丈夫也有缺点——去工厂干活也不愿意换工作服，小柳说了几次，丈夫还是改不掉，小柳也就不强求了。小柳心想：反正家里有洗衣机，我多洗几次衣服就行了，何必非得改变他呢？再后来，如果哪天要见客户，丈夫就自觉地回家换衣服了。

小柳常说：婚姻中两个人只有互相欣赏，才能互相包容。基于欣赏的包容才是心甘情愿的，是不带一丝一毫勉强的。她不愿用"忍让"二字，"忍"是心上插着一把刀，有不情不愿的成分在里面。

她和丈夫的十年的婚姻之路走过来，也有过很多坎坷。刚结婚那会儿，他们也吵过架，多是因为婆媳关系。后来小柳想明白了，既然选择了丈夫，欣赏丈夫，就应该也欣赏丈夫的父母。这样想开了，小柳就静下心来，一门心思过好自己的日子。相处久了,互相摸清对方的脾气,婆媳关系也就融洽了。

有人说,婚姻是一堂课,这堂课上,夫妻双方只有互相学习,才能共同成长,而这堂课上,最重要的内容就是互相欣赏和赞美。故事中的小柳正是在欣赏和包容中,才逐渐发现原来婚姻生活是如此美好,如此,"执子之手,与子偕老"便不再是诗句,而是现实。

的确,对每个女人来说,婚姻生活都是公平的,也许和自己朝夕相伴的丈夫不一定是最好、最优秀的,但一定都是最合适自己的。欣赏就是婚姻的肥料,将此施于婚姻的土壤中,才能培育出欣欣向荣的幸福。

总之,婚姻的内涵和本质,不是激情四射的卿卿我我,不是甜蜜动听的缠绵誓言,而是会心一笑就能触摸到对方的心灵;婚姻的美丽和可贵,不是山盟海誓的誓言,不是天荒地老的承诺,而是相互欣赏和理解中蕴含的无私珍爱!

第八章　三明治定律与婚姻爱恋：好的感情，需要鼓励与赞美

多用肯定和鼓励，能让你获得男人心

三明治定律告诉我们，任何人都希望被他人认可和赞扬，在婚姻和恋爱中也是如此。任何一个人都长着爱听甜言蜜语的耳朵，对于男人来说，希望被女人赞扬，大概是他们的共有心理。然而在恋爱中，偏偏有这样一些女人，她们笨嘴拙舌，眼巴巴地看着心上人，不是"爱你在心口难开"，就是词不达意，惹得心上人不悦，亲口毁了一段美好姻缘。

婚恋中，男人都希望自己在女人眼里是勇敢的，是优秀的。为了获得女人的欣赏，男人会发挥内在的潜质去努力。即使他本身不优秀，也会越来越优秀。相反，催促则是对他的不信任，他们心里会产生抵触和对抗的情绪。基于男人的这种"面子心理"，作为女人，要时不时对男人进行一些表扬和鼓励，让男人更加有信心，更加爱你。

阿梅结婚五年了，刚结婚的时候，由于不知道如何处理婚姻关系，导致她和丈夫的感情不融洽，连带着她的心情都一直不太好。

阿梅有个要好的朋友，比阿梅大五岁，一次，在聊到这一问题时，这位姐姐告诉她："要想使婚姻和谐，就要多看对方的优点，少看人家的缺点，经常用欣赏的眼光去看待他和他的家人，你的心情就会是晴朗的。"于是阿梅按照她说的话做了。

一天阿梅下夜班回来，发现丈夫正在包饺子，她便在一旁观看，直夸奖丈夫的饺子包得好看，看了就有食欲。听了赞美的话，丈夫更开心，包得更用心了。阿梅现在常跟朋友说："在欣赏中生活，真是很开心，很快乐。这是我们自从结婚以来，最融洽的时光。"朋友也感叹道："是啊，你如果一直这样多欣赏他的优点，少看他的缺点，婚姻关系就会融洽多了。多赞扬，少批评，即使他有做得不对的地方，也要有策略地对他说，尤其不要当着别人的面斥责他。他既然和你走到一个屋檐下，就是一家人了，他好，你的脸上也有光啊。"

在两性生活中，这样的例子非常多。男人从来不善于表达，这让女人很不开心。一次，男人给女人写了一封情书，尽管内容枯燥乏味，没有半点温暖，可是女人还是很惊喜。她对男人说："真是太棒了，我看了你的情书之后感动得热泪盈眶，你的字写得很漂亮，文笔也很优秀，我好喜欢。"男人非常高兴，于是经常给女人写情书，后来男人的字越写越漂亮，文笔也越来越好。由此可见，女人的夸奖和赞美，对于男人来说就是最好的奖励。被女人欣赏，对于一个男人来说是最高的荣耀。

那么对于女人来说，如何去说捧男人的话呢？

1.多表扬男人取得的小进步

当一个男人开始改变自己，并取得一些小进步时，作为女人要及时地赞美和表扬男人，让男人觉得自己的进步获得了女人的欣赏，为此，男人会更加努力，让自己不断进步，让女人高兴，获得女人更多的认可和肯定。"你真棒""你真不错"这样的话要经常说。

2.认同男人的兴趣爱好

一个妻子在与自己闺密谈心时聊到："有一个休息日，丈夫在和电脑下围棋，我拖地板，拖到他那儿，我让他挪挪位置，他露出一副紧张的样子说：'别动，别动，我马上就要赢了。'因为知道他从没赢过电脑，这次快赢了，我也很来劲，二话没说，放下拖把就凑过去看，还和他一起计算最后的一步一招。一番厮杀后，他果真赢了。那一刻，他高兴地吻了我。接着他一边兴奋地和我讨论围棋，一边帮我拖地板，还提议晚上出去吃饭。我只是在他感兴趣的事上附和了他一下，他竟然会这么喜出望外。那晚，坐在点着蜡烛的餐桌前，我忽然想，如果下午我硬是让他挪位子而导致他输了棋，或许我们就没有这样一个浪漫的夜晚了。"

  案例中的这位妻子就是聪明的,任何一个男人,都有自己的兴趣爱好,作为妻子,如果你能放下手中的家务活,和丈夫一起聊聊它,那么,丈夫一定认为你不仅是一个好妻子,还是一个知心人,对你就更疼爱有加了。

  3.要不断地发现男人的闪光点

  俗话说:"生活不是缺少美,而是缺少发现美的眼睛。"对于女人来说,要不断地发现男人的闪光点,及时表扬和赞美,让男人不断建立起自信心,这样才能使男人更加优秀。

男人都爱面子，表达你的崇拜之情

任何一个男人，都希望自己在女人面前的形象是高大的，都希望自己的爱人在自己面前小鸟依人，他们更希望自己能像一棵大树一样伟岸，可以保护好自己的妻子和家人。因此，如果你能认识到男人的这种心理，便知道三明治定律存在的合理性，也能懂得对男人表达崇拜之情的重要性，那么，你一定能得到他更多的爱。

我们先来看看小米是怎么经营自己的婚姻的：

小米的丈夫是个富二代，但一点架子都没有，相反，他对小米非常好。

当初，丈夫要给她找个保姆，但小米拒绝了，她说："自己动手，才能感受到家的温暖。"于是，在找了一份轻松的工作之余，小米还决定承担家务。

不难猜到，一个女人，又要工作，又要做家务，实在很累，于是，她决定让丈夫也参与到家务劳动中来。

这天下班后，她对丈夫撒娇道："老公，还记得不，我们第一次见面，你当时在打篮球，帅极了。"

"哈哈，你还记得啊？是不是那时候就迷上我了？"

听到丈夫这样问，小米羞红了脸："这都被你猜到了，我当时想，这男人一看就很有安全感，很有力量。"小米说完，丈夫更高兴了，一把将小米搂入怀中。

接下来，小米又说："对了，我做的饭好吃吗？"

"当然好吃了，也不看是谁做的！"

"那就好，可是，你知道吗？我每月要去超市买米，那个很重啊！你没觉得我最近矮了点吗？都是被压的！"

听到妻子这么说，丈夫心疼地说："哎，我不是跟你说了吗？不要太累，这样吧，明天下班，我早点回来，我们一起去超市，把该买的都买回来。"

小米一听，高兴得手舞足蹈。果然，第二天，丈夫早早地下班了，不仅帮小米买了很多东西，还主动做起家务。

我们发现，故事中的小米就是个很懂得赞赏男人的女人，她将对丈夫的请求融入撒娇和赞美中，她这样做，不仅能让男人意识到自己的责任——帮助女人分担家务，还能增加夫妻间的感情。

心理学专家做出了这样的解释：在男人的心里都觉得女人是乖巧的，是依附于自己的，因而要表现出对女人的"支配权",这样,他们觉得维护了自己的尊严。女人要明白男人的这种"面子"心理,用迂回的方式来驾驭男人,而不是硬碰硬。事实上,赞美也可以让感情更加甜蜜。

1.学会示弱和放低自己

一个不甘示弱的女人,总是习惯于雷厉风行地做事,总是事必躬亲,无论是工作还是生活,她们总是把自己弄得很累。其实,你不妨先夸夸男人,然后撒撒娇,很多问题请他帮帮忙,让他感受到你需要他,这一定会给你的婚姻带来甜蜜。比如,你可以撒撒娇:"老公,你看你那么疼老婆,我最近的手又粗糙了,今天晚上你能不能刷刷碗?"相信他是不会拒绝的。

2.用赞美的方式询问他的意见

男人一向都以家中顶梁柱、男子汉自居,如果你能重视并多听取他的意见,那么,这不仅是对他的一种尊重,更是一种在意他、需要他的表现。比如,你可以说:"老公,你一向比我有想法、有主见,眼光也好些,依你看,我们这笔钱拿来做什么生意好呢?"这样说,他一定能感受到你的尊重,也会更爱你。

3.赞美时可以撒撒娇、发发嗲

很多女孩子善于撒娇,尤其是面对自己的男朋友或者是老公的时候更是如此。男人对女人有感情,往往禁不住女人的撒娇，他们的心会迅速被女人征服。而且，这样往往能激起男人的同情心和保护欲，增进双方情感。

因此，女人要想征服男人的心，在赞美时可以嗲声嗲气一些，让男人那颗坚硬的心更酥软。

4.赞美时可以适度自贬

在赞赏时，可以适度自贬，这样形成鲜明的对比，让男人觉得自己很强，而爱人很弱。这样，男人的同情心和保护欲就会被成功激发出来，女人的撒娇才能真正柔化男人的心。否则，女人的表达只能是浪费表情，弄不好还会让男人对你产生厌恶。

很多人说男人的心很硬，其实不然，在面对他们心爱的女人时，强硬只是装出来的。他们内心渴望的只是女人的"需要"，作为女人，如果能认识到三明治定律的存在，学会肯定和欣赏男人，维护男人的"面子"和"尊严"，就能很好地驾驭男人。千万不要和男人硬碰硬，你如果强硬，他们会比你更强硬。相反，这时候如果你对他赞美一番，男人往往会更加疼你爱你。

第八章 三明治定律与婚姻爱恋：好的感情，需要鼓励与赞美

读懂和了解你的妻子并赞美和欣赏她

任何一个男人，爱上一名女子都不应是一时兴起，而应该是建立在对其所有品质有所了解的基础上，比如，她是否知性、感性、懂礼节以及是否敬重他人等。不少男人在这些方面做得不足，却还为自己找借口："女人真是难以明白的动物。"这简直是老掉牙的说法。他们相信一点："男人用的是'直流电'，而女人则用的是'交流电'，所以男女总是无法步调一致。"选择相信这一说法，就能为自己免去很多麻烦，不用积极寻找各种解决办法。

但是，每一个男人都要明白的是：现代的女性并不是什么外星人，也不是那么让男人们无法理解，虽然男女性别不同，但都不是什么神秘的怪物，在我们的现实生活中，还是有很多男性了解女性，也了解他们的爱人。因此，如果你爱你的妻子，那么，你最好先学会了解她内心的真实情感需求，并尝试运用三明治定律来欣赏和赞美她，让她知道你爱她，否则，无论对谁来说，婚姻都不是什么有趣的事。

有这样一则小故事：

有一位农村妇女,当她劳累了一天后,将一捆草放到她的丈夫面前。还没吃晚饭的丈夫很生气地问她是不是发疯了,她作了这样的回答:"啊,我怎么知道你注意了?我为你做了二十多年的饭,在那么久的日子里,我还从未听过一次你说你吃的不是草呢!"

作为男性,你是不是可以体恤一下你的妻子呢?下次当她做了一道很嫩的鸡时,你应该告诉她你很喜欢吃,让她知道你很欣赏她的厨艺,就好像前面小故事中的那位女主人公所说的那样,你要让妻子知道你"不是在吃草"。

事实上,女人比男人更感性,她们更容易被打动,也就更喜欢听赞美之言。聪明的男人应该了解这一点,并学习三明治定律的精髓,为此,你可以从以下这些方面欣赏她。

1. 欣赏她的工作

现代社会,很多女性已经走出家庭,和男性一样参加激烈的职场和社会竞争,她们也要面临巨大的压力,作为丈夫,无论你的妻子做什么工作,你都要认可她的能力,比如,你可以告诉她:"我老婆真是了不起,还不到三十岁就做了经理,别人都夸我有福气呢!"如果她只是一般的职员,你也可以赞美她的工作态度:"我老婆做事就是认真,这一点我要向你学习。"

另外，在现实生活中，一些女性在婚后因为种种原因不得不退出职场而投身到家庭中，她们每天做的事单调又乏味，比如做饭、洗衣服、打扫房间、购物等等，另外，还有老人和孩子需要照顾，她们的工作负荷十分沉重，但唯一能让她们觉得被肯定的，就是家人的承认、尊重和感谢。此时，男人要主动去了解自己妻子的劳动内容。比如，你可以说："亲爱的，这些年多亏了你，你就是个女超人，把这个家打理得井井有条。"

2.欣赏她的爱好和兴趣

通常情况下，男人和女人的兴趣有着明显的不同，可能很多男人不理解女人对逛街、买衣服、化妆、制作美食的热爱。即使如此，你也一定要认可她的兴趣爱好，并且，你最好还要学会分享她的爱好。

安德烈·毛洛斯是个深谙人情世故的作家，在谈到男女相处的艺术这一问题时，他说："要在她们认为重要的事情上表现出你的兴趣——她们的服装、食物、对家庭的付出、她们的感觉等等。如果你闲下来，不妨陪你的太太逛逛街、买买东西……在某些事情上给出中肯的意见……在某些小事上表达兴趣。比如：与小孩相处时的情形、参加朋友的宴会等等。如果她对音乐、绘画或者文学感兴趣，那么，你要试着去了解她的这些爱好，相信过不了多长时间，你就会发现：原来妻子喜欢的这些东西都很有趣。"

很多男人常说，女人是一种奇怪的动物，你根本无法了解到她内心想的是什么。的确，男人很难读懂女人，更难读懂自己的妻子。因为也许男人没有用心去读过。其实，女人是可爱的，也是脆弱的。人群中，你最关心的女人——你的妻子，可能她嘴里叫你滚开，心里却想你把她搂得更紧一点。

感谢和称赞你的妻子,让她知道自己是被爱的

男人们需要明白,三明治定律不仅仅存在于教育、职场中,在家庭生活中更需要被认识到。情感是需要表达的,面对每天和你生活在一起的妻子,也许你不可能每天绞尽脑汁地说一些甜言蜜语,但请记住,女人都是感性的,都爱听赞美之言,所以无论何时,都别忘记感谢和称赞你的妻子,这样,她必能感受到来自你的爱。

当一个女人嫁给一个男人之后,她会用心去维系婚姻、照顾丈夫和孩子,甚至为家庭节衣缩食。但作为男人,你千万记住,无论生活多么窘迫,也不要苦了你的妻子,只要你不忘记称赞她,她就能毫不抱怨地始终穿着她那件破旧的外套。很多看似聪明的男人却不知道这一点对妻子的重要性。在他们看来,只要娶了她,跟她一起步入了婚姻的殿堂,就足以证明她对自己来说是多么重要,但是女人们的想法却并不如此,她们只有经常被肯定和称赞,才会认为自己是被爱的。

通常来说,在工作中,人们都比较容易知道自己的位置。假如最近有段时间你表现得不好,那么,你的上司很快就会提

醒你；假如你最近工作努力、做成了几单生意，你很快就会得到上司的嘉许、加薪或在同事中得到表扬。

然而，在家庭生活中，情况就完全不同了。主妇们在家里不停地忙碌，如果丈夫不告诉妻子她做得多么好，她们根本不会知道。因此，对于她们来说，爱人的赞赏和鼓励是唯一的奖励。只要你留心，你就会发现在你周围，那些快乐的男人们，他们生活幸福、有乐趣、食物可口，这都是因为他们有个能干贤惠的太太。这些幸运的男士都知道，要想赢得妻子的心，让她永远不辞劳苦地为自己、为家庭付出，最有用且永远都不会失败的方法就是感谢和赞美她。

有一对夫妻，结婚数十年，依然如结婚伊始般相爱，丈夫对妻子很疼爱，而妻子也很体谅丈夫。日常生活中，他们并没有多少甜言蜜语，甚至有时候还会拌嘴，但这只是"嘴上不饶人"，实际上他们仍能互相体谅。

这天，丈夫回到家，看到妻子在厨房忙活，不一会儿，一桌丰盛的晚餐就端上来了，此时，丈夫才发现，妻子的脸色很差，而且还经常皱眉，于是问其究竟。然而，妻子就是不说。丈夫明白妻子最近肯定是心里有什么委屈，不管是什么原因，自己都应该安慰一下。

饭后，妻子并没有和以前一样收拾饭桌，而是说自己先去躺一会儿，一会儿再来刷碗，丈夫没有说什么，因为他曾经在众人面前放言自己从来不刷碗。过了一会儿，妻子起来去厨房刷碗，发现丈夫正围着围裙刷得起劲，妻子心里既高兴又感激，她对丈夫说："老公，你上班这么辛苦还洗碗呀？"

"没事，老婆，其实你才是最辛苦的，你看，原来被那么多人追的你最终选择了我，为我生儿育女，还打理整个家，现在我们的日子过得红红火火的，都是老婆一手创造的，我可不能让你这双手天天刷碗，大丈夫也要下得厨房，以后刷碗的事就交给我了。"

妻子被丈夫鼓励、肯定和温馨的话所感动，给了丈夫一个温柔的拥抱，使他们的生活更加和谐了。

生活中的男人，你是否也这样温柔地对待你的妻子呢？当她心情不好时，你是不是也能主动承担家务并说出一番悦耳动听的赞美之言呢？相信如果你这样做的话，你也会为家庭增添一份和谐之音。

可能很多男人在婚前都对女友百般疼爱，尤其是在追求爱情的过程中更是使出浑身解数，说尽甜言蜜语，但一旦结婚，男人似乎就有一种"既成事实"的感觉，认为自己只需要赚钱养家、给老婆高质量的物质生活即可。实际上，婚姻中的女人更希望得到自己丈夫的欣赏、认可和感谢，这远比名牌衣服、高档房屋更让她们有幸福感。

在美国纽约，有一位专栏作家叫罗伯·普洛，他出过很多书，而人们羡慕他的，不只是他出色的才华，更是因为他有一位贤惠的妻子。他的妻子叫珍妮，珍妮是很多男性心中典型的好妻子，但珍妮认为是罗伯才是世界上最好的男人。而罗伯更深知如何才能让妻子感受到被爱和幸福，每次当他有什么新书要出版时，总会在书的扉页上写上这样一句话——献给珍妮，我的妻子、我生命里的全部。诸如此类让人为之动容的话，完全比支票上的数字要有意义多了。

总之，每一个男人都要认识到两性关系中三明治定律的存在，无论男女，都需要被肯定和鼓励，你的妻子不是你的私有财产，是有血有肉的人。你要明白，真正的"爱"并不只是给她充足的物质享受，而是看到她的优点和赞扬她，在互相欣赏的婚姻里，幸福才会历久弥新。

直接表达你的爱意，女人会很受用

爱是要表达出来的，女人更喜欢听甜言蜜语，一句"我爱你"就能融化女人的心。不少男人在恋爱期间也会对女人表达爱意，但一旦结婚，就认为"生米煮成熟饭"，不必再苦心追求了。然而，幸福的婚姻也需要男人经营，任何一个男人都要学会三明治定律中的启示，都要学会欣赏、认可和肯定自己的妻子，很多时候，简单的一句"我爱你"就能表达出你所有的情感。

懂得经营婚姻的男人们，会在适当的时候或心情愉悦的时候真诚地对老婆说："我爱你！""爱你的一切！"看到这里，也许有人会嗤之以鼻："老套！"但究竟有几个人真的能做到呢？

我们先来看下面这样一个故事：

杜先生是一位事业有成的中年男士，在婚前，他曾花了很多心思去追求一名聪明、美丽、贤惠的女人，然后娶了她。在婚礼上，他曾发誓这辈子要好好爱他的妻子，婚后，为了让妻子过上更好的生活，他一心扑在事业上，而把维持婚姻的责任都推到了妻子身上。

很明显，这样的婚姻模式是难以持久的，因此在他们结婚的前四年，他们之间经常闹得不愉快。

有一天，他又和妻子因为一件小事起了争执，两个人又吵了一架，他们才三岁大的儿子问父亲："爸爸，你不喜欢妈妈了吗？可是我觉得她很好啊。"就在那一刹那，杜先生觉得自己成了儿子眼中的坏人。

杜先生说："我突然认识到'妈妈'这个词的分量，而我也一直深爱着这个完美的女人。一直以来，她为我，为我们这个家庭默默做了很多事，现在我们的儿子三岁了，而这三年都是她一个人在忙碌，我没有尽到一天做丈夫、做父亲的责任。如果哪一天我失去了她、失去了这个家，那么对于我来说简直是活该。所以我突然醒悟了。我要告诉她这些，要成为一个好父亲、好丈夫。现在，我们的婚姻状况改善了很多，我们互相尊重彼此，感情成熟了很多。后来，我们又添了一个女儿，这让我又得到了一份金不换的快乐。我想，孩子再也不会问我喜不喜欢妈妈了。"

可能生活中，有不少女性都有这样的感觉：男人们似乎是善变的动物，婚前的他们热情求取欢心，但是一到结婚后就判若两人，不再表达任何爱意。

在一些影视剧中，我们常常可以看到女人们神色黯然地抱怨老公："现在，他对我一点儿热情都没有了，一天到晚，除了'吃饭吧''睡吧',干巴巴地没有别的话,他到底还爱不爱我?"其实,女人是花,是需要男人用"我爱你"来滋润的。

其实,不论是热恋中的情人还是夫妻之间,爱情的表达都不是多余的,它可以将平淡的生活之海激起一朵朵五彩的浪花。但现实生活中却有许多人忽略了这一点,结果使得婚后的日子平淡无奇,少了激情,更有甚者陷入感情危机。其实有时候,一句直抒爱意的"我爱你",重逢时刻的一句"我想你",对你来说可能只是举"口"之劳,可对对方来说却是备感温馨。

作家维琪·鲍姆曾说过这样一段话:"被爱的女性,永远不会失败,被爱是女性成功的一大重要因素,男性在婚姻中扮演的角色十分重要。结婚,并不意味着你把一枚戒指戴到她的手上就可以了,而是需要你从此真的爱她,在以后的每一天里,都要让她高兴,让她快乐地生活。"作家莫达·雷德说:"男人喜欢靠感觉感知自己被爱,女人则喜欢被告知被爱。"

但是,不少男人却认为开口对妻子说"我爱你"是一件十分难为情的事,尤其是在结婚和蜜月之后。其实男人们大可以放心,要表达这份心意,真的不必刻意谈情说爱,女人并不是迟钝的动物,她们会从你展示出来的一些细节中品读出来。比如,在人群中与她的目光交接、看电影时轻轻抓住她的手、出乎意料地拥抱、对她说一些关心的话等。要知道,这些简单的小细节都是对她,包括对你们的婚姻和爱情的认可和肯定。

参考文献

[1]阿普特.赞扬与责备[M].韩禹，译.贵阳：贵州人民出版社，2020.

[2]墨羽.受益一生的心理学效应[M].北京：中国商业出版社，2019.

[3]舒娅.心理学入门：简单有趣的99个心理学常识[M].北京：中国纺织出版社，2018.